建筑的艺术观
ARCHITECTURE
AS ART

[美] 史坦利·亚伯克隆比（Stanley Abercrombie）／著　　吴玉成／译

路易·康设计的耶鲁英国艺术中心门厅天窗（摄影／乔治·切尔纳（George Cserna））

天津大学出版社
TIANJIN UNIVERSITY PRESS

ARCHITECTURE AS ART by STANLEY ABERCROMBIE
Copyright © 1984 BY STANLEY ABERCROMBIE
This edition arranged with ALISON M. BOND Associates through BIG
APPLE AGENCY, INC., LABUAN, MALAYSIA.
Simplified Chinese edition copyright © 2016 TIANJIN UNIVERSITY PRESS
All rights reserved.
版权合同登记：天津市版权局著作权合同登记图字第 02-2000-91 号
本书中文简体字版由史坦利·亚伯克隆比授权天津大学出版社独家出版。

图书在版编目（CIP）数据

建筑的艺术观 /（美）亚伯克隆比著；吴玉成译 . —天津：天
津大学出版社，2016.1
　　ISBN 978-7-5618-5491-4

　　Ⅰ . ①建…　Ⅱ . ①亚…②吴…　Ⅲ . ①建筑艺术－通俗读物
Ⅳ . ① TU-8
中国版本图书馆 CIP 数据核字（2015）第 302936 号

出版发行	天津大学出版社
地　　址	天津市卫津路 92 号天津大学内（邮编：300072）
电　　话	发行部：022-27403647
网　　址	publish.tju.edu.cn
印　　刷	廊坊市海涛印刷有限公司
经　　销	全国各地新华书店
开　　本	148mm×210mm
印　　张	5.875
字　　数	150 千
版　　次	2016 年 1 月第 1 版
印　　次	2016 年 1 月第 1 次
定　　价	40.00 元

凡购本书，如有缺页、倒页、脱页等质量问题，烦请向我社发行部联系调换

简体字版序

念硕士班时（1986年），译《建筑元素》一书，有出版社问，可有意译这本《建筑的艺术观》？当时对以"短时内不可能"，所得回应是"不会有人跟你抢"。而等这本书译出，原书出版已近十年，跟我探问的出版社也没了声息。这几年建筑类图书出版蓬勃，不论是青年学者的著作或各领域外文书的翻译，超越以往技术书籍主导的情形好不热闹，建筑系的学生和社会大众都多了好多相关的书可以读，这是非常可喜的事。但是仔细探究，我们的建筑类图书缺少对大众系统地谈空间或环境，虽然多了不少题材广泛、用词简白、单篇短小的文集，可以供人反思当下环境，却绝少出版帮有兴趣的人（尤其是大众或初学者）建立观察、思考的架构。

国人出国旅游日频，出去少不了参观人家历代伟大的建筑杰作，少不了游人家的市街城镇。不少旅游书帮助旅行者认识建筑、认识环境。不过，出国羡人者多，返家深思者少。即使多不胜数的空间专业者留学归来，台湾建筑环境的改善却仍相当有限。建筑在台湾的意味和欧美是很不一样的！不少专业人员看到阳台也直接地想到增建，许多人为了停车可以牺牲起居空间的通风、采光，我们的建筑是很"功利"的；很少人在意建筑的公共侧面。说穿了，人的品质上不来，环境品质怎么可能提高。遍设大学、广立建筑或空间相关科系是帮不上什么忙的。在市容芜杂、交通混乱的城市谈建筑艺术，只觉吊诡。倒是，还有许多人寄望教育，寄望视知觉（visual literacy）、环境美感（如果不带狭隘的意识形态、不盲目地拜物）以及人文素养的提高，能刺激台湾都市环境改善。只有当多数台湾人都要求他的居住环境、他的生活要有美感的时候，整体的改善才有可能。我们相信，通过恰当的引导训练，台湾人的建筑知觉、环境知觉会提高，而史坦利·亚伯克隆比的这本书（以及他后来的《室内设计哲学》（*A Philosophy of Interior Design*））可以在这方面起作用。

过去几年，有机会跟非专业者谈建筑，我仍爱援引这本书（同样常用的是《建筑与你》（*Architecture and You*）一书），甚至在谈台湾传统建筑之美时也用此书的架构。理由我在二版序里谈过本书系统、生动、深刻而不吊书袋；中心题旨关乎大家的生活经验，是一本可以用做建筑常识教材的书。

这本书刚译出时，有朋友说要写一本类似的书，对大众谈建筑之美，但要用台湾的例子，我们还在等这样的书。音乐、美术界这几年已经有了几本生动、体系完整的"概论"，对入门者助益良多，衷心期望看到建筑领域类似的出版物。

出版建筑专业书很难赚钱，我们希望近来较通俗的专业书能畅销，也希望多一些更耐读的通俗专业书，因为只有更多人读这方面的书，空间美感以及对建筑"悦心悦意、悦志悦神"的体悟才可能在我们的社会里成长。已经有一些私人企业开始投注心力，举办讲座和设计竞赛等活动，刺激台湾的建筑教育；建筑情报季刊杂志社的相关出版工作值得喝彩。译者寄望这类型的出版物更上一层楼，国外相关出版物有许多值得学习的地方，比方文字编辑的严谨度、配图的品质、平面设计以至索引的讲究，等等。

没想过拙译能出简字版，而繁体字本也将三印，除了感谢建筑情报季刊杂志社卖力行销、读者们不吝支持之外，要特别感谢天津大学出版社刘大馨先生，对修订版提供宝贵意见。拉拉杂杂不成统绪，敢请方家一哂。

吴玉成 *2001 年春*

编注：1. 本书中译本初版于 1993 年 5 月由胡氏图书出版社出版，中译修订二版、修订三版于 1996 年及 2000 年由建筑情报季刊杂志社出版，天津大学出版社于 2001 年出版简体字版第一版，2016 年天津大学出版社出版修订第二版。

2. 内文中附有 * 的文字为译者附加的注解。

3. 本书系译自英文原著，因此书中部分单位采用英制。

译序

以马克思"自然的人化"为观念核心的美学论，都认为人从极原始的劳动开始认识外在的规律，利用物质，发展自我，其中便逐渐开展了美，发展了美感。原始社会的巫术嫁接了美与艺术，随着人类文明的提高，音乐、绘画、舞蹈、诗不再依附于生产劳动和巫术，而取得了独立的审美意义。建筑（可解释为人为环境的所谓广义的建筑）作为包容人类生活和文化的容器，虽然随物质文明、社会进化，以及精神、文化要求而世代更新，却一直不脱开所谓"实用"的范围。此，使之具有异乎所谓"美术"（fine art）的审美特性，亦使之成为与人最接近、与所有人共处的艺术。本书作者史坦利·亚伯克隆比认为，科学技术虽然会改变建筑师的工作范围和形态，却不会改变使建筑成其为建筑的部分。这部分即其所谓的"作为艺术的建筑"（architecture as art），究其所论实即为建筑里的美学问题。而 20 世纪 50 年代末斯坦·埃勒·拉斯穆森（Steen Eiler Rasmaussen）所写的《体验建筑》（*Experiencing Architecture*），以较浅简的方式引入，由日常经验和切身可感的事物开始，注意建筑造形里的各个课题（如色彩、光线、肌理……）

与人的感官以至社会心理的关系，即注意自己的建筑经验，许多重点实即美学里的美感问题。

建筑包括的层面（或说领域）很广，看建筑的方式也很多。机能主义者说"形随机能"（Form Follows Function），印度建筑师萨蒂什·古扎（Satish Gurjal）说"形随文化"（Form Follows Culture），有人注意材料、技术的变革，有人注意行为活动的研究，有人在意新的需求，更有人在意变易背后可能有常规。即令专家学者可以有无数的路子去追索，我毋宁相信威廉·韦恩·考迪尔（William Wayne Caudill）等建筑师在《建筑与你》一书中所说的，建筑经验是个人的、令人愉快的、更是必需的（原文是"Architecture is a personal, enjoyable, necessary experience."）。计划、设计、结构、设备的学问与技术多是专家的事，建筑和每个人的关系是生活日用，是身体、心理、情感，这是专家们的仪器、数据乃至任何理论不能取代的。

当然，《体验建筑》或本书还不能取代每个人的建筑经验，但是，正如未经训练的眼睛对许多东西视而不见一样，不经训练许多人的建筑经验只是身体使用，只是个人的、必需的，却未必愉快（此地用愉快当然非常危险）。或者许多的愉快也并未真正触及建筑的美。虽然我们愿意相信每个人的生理／心理结构中都积淀了感受美的能力，但这些能力未经开发则近于无。

建筑的美究竟是什么？建筑的美感经验又该如何对待？似乎不得不进一步追究人和环境（天、地甚至人）的关系，追索美和美感，而后者显然不是本书的目的，但史坦利·亚伯克隆比却在建筑的范围里多多少少把许多美学的问题都做了些剖析。李泽厚20世纪50年代所写的《略论艺术种类》一文从美学的角度探究艺术的分类，更提纲挈领地点出各门艺术的美学特性。虽隔近五十年，所论仍然深刻有力，他把建筑归为静的表现艺术，认为建筑的美学规律"基本上和工艺相同"，而"工艺的美不在求实用品的外部造形、色彩、纹样去摹拟事物，再现现实；而在于使其外部形成、传达和表现出一定的情绪、气氛、格调、风尚、趣味，使物质经由象征变成相似于精神生活的有关环境"，更说"它的质的特点正在于它的量"，其巨大形体的美学影响远大于工艺品。

李泽厚提的是大原则、大观念，史坦利·亚伯克隆比的书则细致地分析形、体、地点、机能，以及人的生理感官和建筑艺术的关系，之后更探究了较深刻的"意义"、"秩序"等问题，把建筑和天、地、人结合在一起。对于一个建筑师（或设计师）来说，美学和手法同样重要。我们很容易看到像商场或办公厅的学校，也可以看到衙门似的青少年活动中心，如果我们真的在意建筑，视之为整个人文的一部分，在意它展现的情绪、气氛，在意其中展现的人（或说人的本质力量），我们该读读美学。

这是本好书，胡氏图书公司秉持发行《建筑名作译丛》的初衷，希望为建筑界贡献涓滴心力，更祈读者先进不吝赐正。

吴玉成 于台南成功大学
1992 年 12 月

目　录

绪论　建筑的艺术观

Introduction: Architecture as Art

"建筑是凝固的音乐。"

　　　　　　弗雷德里希·冯·谢林的《艺术哲学》（*Philosophy of Art*）

"但，音乐不是溶解了的建筑。"

　　　　　　苏珊·凯瑟琳·朗格的《艺术难题》（*Problems of Art*）

建筑是人们最熟悉的艺术；建筑的书是少数可在标题内读到点东西的书（即使读者并不在建筑物里，或许在街上，在附近某城镇里，或鲜活地存在读者脑海里）。然而，对建筑的熟悉却模糊了我们的视线，忘记了它也是艺术，尤其我们知道建筑有许多事与艺术无关：它的坐落地点，从前是什么建筑物，保险费率或抵押补偿金额，所有权人或家具，空调系统如何，地板多久清扫一次等等。我们无法脱开这些和美毫无关系的信息，就像我们避不开建筑一样。

　　高兴的话，我们可以不看绘画，不理芭蕾，也不读诗，但是建筑（正如人们常说的）是不可避免的艺术。它不仅散布在大地上，而且还要待上很长的一段时间。我们不但常常看到它，甚至使用它——建筑是为某种目的而造的。

　　有时候，盖房子是为了达到两种目的：满足机能，创造效益。因此，我们也可以视之为最有利的艺术形式。小埃德加·考夫曼（Edgar Kaufmann，Jr.）在 1969 年的《建筑论坛》杂志（*Architectural Forum*）里写道："即使所有的阿拉伯油井也美化不了这微小的艺术。根源在于需求，在于林林总总的一切需求，在于使用者。"同时也在于拥有者及开发者。建筑和其他艺术不同，它不能与委托者的意见相左，因为没有委托它就无法存在。

建筑的目的多半用钱可以达到，但是它也可以实现理想。建筑可以宣示社会改革的目标——更经济有效的医院、更富于人性的工厂、更民主的住宅簇群、人与自然间更和谐的关系——甚至，它可以影响这些目标。

从另一个角度来看，建筑也是社会性的：它从不落单，倒常常和都市中的其他成员或大自然在一起。小说、戏剧、绘画可以一时造就自己的世界，建筑也可以同样的有力、同样的动人，但是它必须顾及邻地或近旁街区的建筑物，必须考虑人们接近的方式、本身的形和远山轮廓的配合问题，还必须考虑阳光和树影对立面的影响。

建筑之复杂不只是盖在哪里？为何而盖？更由于它盖好了。它不是哪个艺术家个人的作品，而是一大群人的产物。亨利·詹姆斯（Henry James）认为"伟大的建筑是人类最伟大的艺术品，它表明了克服困难、统合资源、劳动、勇气和毅力"。一栋伟大的建筑的确反映出成就，然而这些并未使它成为最伟大的艺术品，反倒成为最不像样的艺术品。建筑只有站在工程、物理、机械、理则、经济、工艺的肩头上，才能成为艺术。

人们对它熟悉，它的实用性、惯常的商业主义及它与社会和实质环境间的紧密关系，都是建筑的基本特征，但却都不是美学特征。我们不会因为电梯速度快或营运良好就说一栋建筑物是艺术品。但是，建筑的美学要领总和这些现实的因素牵扯在一起，这也正是其他艺术所没有的，本书的目的就在于将它们一一解开。

另一件让人困惑的事是：极少构筑物（construction）够资格称为建筑。某些画显然比其他的画好，也有许多不能算是艺术，但是除了符号描绘之类别有用途或目的者之外，我们可以说，每一幅画都企图成为艺术。可是盖房子就不同了，多数建筑物无意成为艺术，也不可能成为艺术。

意图是个先决条件，哲学家理查德·亚瑟·沃尔海姆（Richard Arthur Wollheim）在《论艺术与心灵》（On Art and the Mind）一书中写道："如果要谈艺术，我们可以断言艺术是刻意的（intentional）。艺术是我们做某件事，而艺术品则是人们做出来的东西。"此说用于建筑尤其正确。天底下没有什么自发的或意外的建筑，只有通过计划、努力等冗长、昂贵的过程它才能实现。即使是乡土的、"没有建筑师的建筑"，也是经过计划的。南非的圆形茅草屋（rondavels）、南意大利的圆形石屋特鲁利（trulli）和马里多贡人（Dogon）搭建的泥棚（阿尔多·范·艾克（Aldo van Eyck）认为可以列入"世上最伟大的雕塑"）——这些建筑形式都是经历长时期的实践摸索，适应气候及机能，逐步改善演变而来的；而且，每个例子他们对想要的结果都非常清楚，整个营建程序就从这里开始。

光靠意图是不够的，我们的城市就堆满了失败的意图！那么，究竟建筑（architecture）与单纯的建筑物（building）差别何在？这个问题常常有人提，现成的答案是：建筑乃是达到艺术层次的建筑物。但是这个答案马上就引来另一个问题：什么是艺术？答案早已汗牛充栋，任举一者来谈，维多利亚时期的评论家沃尔特·佩特（Walter Pater）在其《文艺复兴》（The Renaissance）一书中的最后一句写道："艺术在经过你的片刻，而且就在这片刻，提供一种最高级的素质。"

佩特在另一章中又提到"为艺术爱艺术"，这个想法支持了"为艺术而艺术"的观念，相对地，它让我们为自己、为我们的生活品质而艺术。

如果建筑物可以跳出惟钱是图的樊笼，对改善生活有所助益，它可以和其他艺术一样，让我们惊骇，伸展想象力，给予片刻品味。下一步则是要认识建筑的本质，了解它影响我们的方式，究竟和其他艺术有何不同。

许多艺术有共通的设计原则，从插花到戏剧都有和谐、韵律、平衡、变化、高潮、松弛等原则。我们清楚这些原则，它们在建筑上的应用也明显、重要，然而每一种艺术媒介都有各自的理则，与各自的工具不相干。建筑的特殊理则何在？建筑物的特征中，究竟哪些品质供我们分辨建筑的好坏？究竟是哪些品质将构筑物提升为艺术？

这些问题不在于时期、种族或风格，建筑的某些层面根植于特殊的状况，经不起文化比较。哥特教堂里精妙的雕像对回教徒来说无法理解。同样的，部分中国传统住宅，院落挨院落地由公共领域到私人领域，如果没有中国传统的礼制，这样的做法也令人费解。但是建筑的这些层面——前者的教条主义，后者对社会结构的宣示——对了解它们构成形式背后的基本特性来说，无法提供任何线索。它们从美学上来说是中性的，因此从艺术的角度来看建筑，它们只是枝节。

许多有关建筑的文章和想法都把注意力放在风格的替换，注意探究新的趋势及溯源。这是建筑史的本体——譬如，共和时期罗马与帝国时期罗马的区别；文艺复兴盛期与矫饰主义及巴洛克在特征上的区别等等。即使考察流行建筑，人们的注意力也集中在定名、分类、溯源之上。多产作家查尔斯·詹克斯（Charles Jencks）在其百科全书式的著作《今日建筑》（*Architecture Today*）中极尽最大能事（此书系与威廉·查特金（William Chaitkin）合著），区分出"晚现代主义"和"后现代主义"，再将两组各细分出"极端表现主义"和"巧技"等六个次分类，并将这十二个分类从1960年到1980年的发展做成图表。这种工作当然有用也有趣，但是对建筑艺术的本质而言仍然是枝节，即使告诉我们马赛尔·布鲁尔（Marcel Breuer）的怀特尼博物馆（Whitney Museum）和约恩·伍重（Jörn Utzon）的悉尼歌剧院归于"雕塑性造形"之列，我们对博物馆或歌剧院仍一无所知。

该怎么样来寻找这门艺术的基础呢？首先，别找得太用力，别指望——甚至不要想找到——一组客观、完整的要件，来精确地掌握艺术认识及艺术创作，艺术里总有些东西是个人的、不可预知的。

我们的确知道建筑动人的力量与其他艺术不同，不能把它说成三维的绘画或可居住的雕塑，当然更不能说是凝固的音乐，必须寻找一个惟独属于这门艺术的东西。

我们也知道现在建筑的力量和历史上任何时期一样。古埃及的坟冢及祭祀砌道，它的表面、柱列、里头的通道和阴影丰富的壁龛，都像它们在吸引、感动兴建者一样，在吸引、感动着我们。即使不理会埃及的宗教、经济、社会，这些构筑物仍然会对我们说话，而它们的语言正是建筑的永恒语言。我们也许会、也许不会注意，一对牌楼门之后躺着神圣的狮身人面像，这条路只有法老王及祭司才能走。这都无所谓，因为牌楼门清楚地说明了它们的角色——通往特殊场地的入口。

那么，对建筑艺术来说，一定有某种常定的基础，即使经过一切技术、风格或我们自己的转变也仍然保持完整。詹姆斯·马斯顿·费奇（Jamse Marston Fitch）注意到"科学和技术会改变建筑师的工作范围"，但是，科技却无法改变建筑师工作中使建筑成其为艺术的部分。

我们不敢在调查研究时完全忽视机能和涉及环境的一面，虽然它们本身不是美学层面的问题，但却构成建筑的特殊本质，而且很可能会损害我们所寻求的评判基础。可以把这些层面当做寻求的边界，确保我们发现的基础不致于对它们有害。艺术超道德当然好，但却不能不道德。艺术媒体负有一些平淡无奇的任务，如果它对这些东西怀有敌意的话，就很难获得较高的评价。建筑当然不该牺牲实用、非艺术的问题，不过，在这些以外还要加些什么。

在这些限制下，我们希望能在建筑里头找到某些方式或者特点、或是关系，不管多主观、多模糊，而要它只属于美学特质。赫伯特·瑞德爵士（Sir Herbert Read）在写"存在本身超越依目的的存在"（that being-in-itself which exceeds being-for-a-purpose）时已预见了，我们所寻求的基础，本身恒常不变，似乎无法在建筑物与片刻现象的关系中找到；好像应该在

意大利普利亚地区（Apulia）的锥形石灰岩民居"特鲁利"：
习惯做法，却不是未经设计。（摄影／小诺曼·F.卡弗（Norman F.Carver, Jr.），美国
建筑师协会会员）

建筑物本身，或者它和自然恒常面的关系中去找。

　　有人认为我们所观察的事物，其质绝不在于物体本身，而在于观察者、使用者所赋予的回应机制（response apparatus）。我们当然可以反对这样的论点，音乐家、画家、建筑师从来不完成一件艺术品，他们只提供可以视为艺术的素材。但是在艺术家的作品中所见的跟在作品与其所处时空间的复杂变动交感中所见的不一样。了解、掌握这次要的、暂时的类型（type）使我们能够加以利用；然而只有了解、掌握了首要的、恒常的类型，我们才可以将之变成艺术。

第一章 建筑的大小
The Size of Architecture

"就永恒的记忆而言，完美的事物不嫌小。"

亚瑟·西蒙兹（Arthur Symonds）为塞缪尔·泰勒·柯尔律治（Samuel Taylor Coleridge）所著《文学传记》（*Biographia Literaria*）一书之序

"其实，只有大小具有某些确定的价值……"

约翰·拉斯金（John Ruskin），《佛罗伦萨的早晨》（*Mornings in Florence*）

登上山巅或者转过街角，我们总会撞见某个物体，于是乎我们快速而下意识地分析其本质：它究竟吓人还是亲切？生气勃勃或者死气沉沉？迎面冲来还是静处不动？同样下意识地，我们以自己身体的大小判断该物体的大小：它究竟是大是小？比我们大的话，到底大多少？

大小成了基本而惯常的问题，我们似乎不太以为大小本身也可以成为美感的来源。人的教养过程让人学到了：质独立于量之外，有时候量会和质冲突。如果我们警觉到地球的资源有限，就可以体会为什么恩斯特·弗雷德里希·舒马赫（Ernst Friedrich Schumacher）要说"小即是美"。而总在圣诞树下挑取最大的包裹，透露的不只是贪婪，或许还包括缺乏判断力。或许对大部分艺术来说，应该把大小和价值分开来看，一则短篇故事可以和一部小说一样好，一张缩图也可以和一面壁画一样美，但在决定建筑的

S.O.M 设计公司设计的基特峰观测站（Kitt Peak Observatory），亚利桑那州：建筑物的大小大大影响它给人的印象及震撼力。（摄影／埃兹拉·斯托勒（Ezra Stoller）©ESTO）

根本特性时，大小却扮演了重要的角色。

建筑是最大的艺术，为了提供空间以供使用，它当然要比我们大，但是大小却并不只是建筑习惯上的属性，而是建筑艺术某些乐趣的根源。如果联想我们对亚眠大教堂（Amiens Cathedral）、罗马竞技场、或艾菲尔铁塔的反应，便能体会：经验上的确如此。而如果把以上这些建筑缩小到1/10 或 1/100，不但减少了它们的量，同时也损及了质，情绪上的感染力势必减弱。

勒·柯布西耶（Le Corbusier）对美国的圆筒谷仓兴致勃勃，《迈向新建筑》（Towards a New Architecture）一书里他便放了九张照片，同时写道：“今天的工程师掌握计算的结果，由统御整个宇宙的原则推衍而来的计算结果和有机体的观念，运用最基本的元素⋯⋯挑起人们对建筑的情绪，并因而综合了人和宇宙的秩序。”然而，这些构筑物只不过是些简单的圆柱体；小一点，或许就是垃圾筒、系船柱，甚至雨伞架。让柯布西耶感到兴奋的，正是它们简单的外形和原本的大小。

从 19 世纪建筑的技术发展来看，大小似可等同于体量（mass），不管是一座山或是人们发明的结构物，单是体量便可以在我们的想象里铸下深刻印象，约翰·拉斯金在《建筑的七盏明灯》（The Seven Lamps of Architecture）一书里，略显勉强地写过：

“人的精神、意志里，那些无可压缩的部分有一个硬壳，为了不让它受伤，必须先把它戳穿；虽然在万千不同场合我们可能会挑它、搔它，但是，如果不碰到深刻刺激的场合，我们同样会将它冷落一旁，置之不理⋯⋯惟独重量却办得到，虽然很蠢，却有效。这种冷漠，教堂上的小尖塔刺不穿，由小窗射入的光线也照不亮，却可用巨大墙体的重量来打破。”

小说家伊丽莎白·鲍恩（Elizabeth Bowen）特别在《罗马时光》（A Time in Rome）里谈到奥勒良城墙（the Aurelian Wall），她说：“坚实本身

齐奥普斯大金字塔，吉萨（Giza）：
简单造形巨大体量所展现的力量。（摄影／作者）

艾蒂安－路易·布雷想像的室内空间：
其冲击力正来自巨大、傲慢、漠视人的尺度。（摄影／英国皇家建筑师学会）

就是美，涂刷这道墙，或者把手按在墙上任何部分，都是喜悦。"建筑幻想家理查德·布克敏斯特·富勒（Richard Buckminster Fuller）更说："绝大部分的建筑师对自己设计的建筑到底多重，毫无概念。"但这只是就实质而言，就作品的效果而言，建筑师深切知道重量感、实体感的确是趣味的泉源。

罗马圣玛丽亚和平教堂（Santa Maria della Pace）附近的小巷：墙的坚实感就能够让人满足了。（摄影／史坦利·亚伯克隆比）

由詹姆斯·斯特林设计的剑桥史学院大楼中二景：
没有厚重的体量，而代之以现代的复杂感及视域。（布莱希特－艾因齐格公司（Brecht–Einzig Ltd.），鸣谢詹姆斯·斯特林）

〔艺术给我们的远不仅只是趣味，最令人震撼的是埃蒙德·伯克（Edmund Burke）所说的"崇高"而非美丽，大小、体积、数量正是不可缺的特性，正如柏克所说"无限（infinity）会在人们心灵里填入愉快的恐惧。"〕

当然，现在巨大的尺寸不一定非要庞大的重量不可，装修石片取代了石块，细心计算的悬索网取代了承重的巨大砖石体量。但大小本身仍保有动人的力量：轻量元件必要的轻巧处理，或者重量材料必要的堆集，都可以让人生敬、生畏。华盛顿大桥的外露钢骨门楼起码和改为石质面材一样动人（建筑师卡斯·吉尔伯特（Cass Gilbert）为伍尔沃斯大厦（Woolworth Building）设计了个砖石外皮，却因为造价问题，没有实现。多数人都高兴

维托里奥·乔吉尼在纽约自由中心（Liberty Center）未完成的强化水泥浆实验：没有体量而展现巨大体积戏剧张力的另一个例子。（摄影／维托里奥·乔吉尼）

理查德·布克敏斯特·富勒设计的人工温室（Climatron），圣路易植物园（St.Louis Botanical Garden）：现代结构的原型，大得使人难忘。

它没做）；剑桥大学图书馆，詹姆斯·斯特林（James Stirling）用了水晶面似的屋顶；弗雷·奥托（Frei Otto）的帐篷结构里承担张力的蛛网似的钢缆；维托里奥·乔吉尼（Vittorio Giorgini）在纽约实验强化水泥浆，上头有令人眩惑的铁网；还有富勒那些轻量的网格圆顶——这些都戏剧性地陈示：现在巨大体积无需依赖体量。

　　巨大的体积或量所以引人崇敬和遐想，至少有三个基本源，首先是建筑物的大小和地球的关系。地球的大小虽然是真实的现象，却看不到，也不容易清楚地意识到，然而它却统御了人的一举一动。从人企图在地球表面移动开始，重力加速度比自然的其他属性，让人更深切地认识到地球的大小所产生的力量。建筑物的大小和地球大小这恒久的常数，对建筑结构有不可抗拒的影响力，而这影响既复杂又有趣。一栋建筑物变成两倍高，强度并不是增加两倍，当梁的跨度增加一倍，梁深并不是单纯的增加两倍。

这个道理伽利略早就提出过，而近代达西·温特沃斯·汤普森爵士（Sir D'Arcy Wentworth Thompson）1917 年所著的《论成长与造形》（*On Growth and Form*，生物学著作的里程碑）一书说得更明白。相关的结构、不一样的大小，其强度和各量的平方成正比。汤普森说：

迈伦·格登史密斯的"桥梁结构与强度比较图"：和生物一样，每种桥均有其极限尺寸。（鸣谢迈伦·格登史密斯）

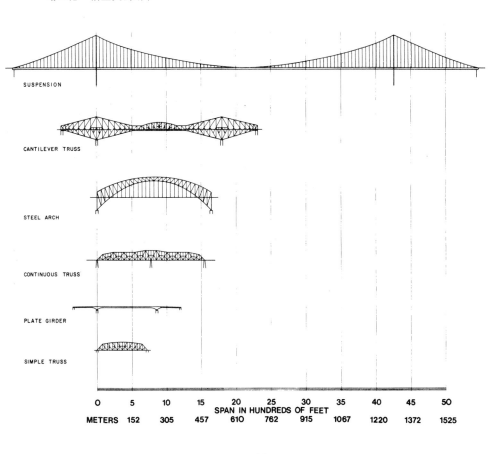

"如果甲火柴棒 2 英寸长，乙火柴棒形式相同 6 英尺长（36 倍），由于自重引起的压陷量，乙会是甲的 1300 倍。对应这种影响，动物体积愈大，四肢就愈短愈粗，整个骨架也变得愈笨重。老鼠、鹪鹩的骨骼占身体总重 8% 左右，鹅、狗约 13% ~ 14%，人则约为 17% ~ 18%。大象、河马长得大也显得笨，而麋鹿也就理所当然的不及羚羊优美了！"

建筑构造亦然，甚至特定的结构不能超出某个极限，如果再大，结构体会因为自重引起的应力而崩塌。S.O.M. 设计公司的建筑师迈伦·格登史密斯（Myron Goldsmith）曾运用此原理设计不同形态的桥梁，每个形态都有它的极限，超过极限就必须改变结构系统。格登史密斯提到："多层钢骨构架也有类似的结构行为。八层高的房子，每平方英尺约需要 10 磅的钢料，100 层的房子，则需 30 磅。"因此建筑物大小改变，建筑物的特性也随之改变。

建筑物和人体的关系，是大小尺度给我们深刻印象、引起趣味的另一个源头。建筑师不断地调整其间的关系以控制人们对其作品的反应：一道门廊究竟是隐匿、眩惑、舒适、威风或者是得意扬扬？因为我们的身体要穿越，门的大小就成了决定此效果的主要因素。

掌握得不好，当然可能会产生预期以外的效果。弗兰克·劳埃德·赖特（Frank Lloyd Wright）便是控制大小尺度的高手。为了让人们更珍重大空间，他特别喜欢先引人经过一个小空间，再进入大空间。他说过：

"以一座巨大的建筑而言，圣彼得大教堂（St.Peter's）实在让人失望，直到眼睛小心地找到某个人形和建筑物比较时，才发现这教堂真大。米开朗琪罗（Michelangelo）把建筑细部也放大，整个建筑物应有的崇高、宏伟感便消失了（巨大的体量应该有和人体尺度配合的细部）……"

不过，一旦我们掌握了圣彼得教堂的大小，它便影响了我们的情绪反应，或许正如米开朗琪罗所望。以下再引一段约翰·拉斯金（他也不怎么喜欢这栋建筑物）的话：

神慰圣母玛丽亚教堂（Santa Maria della Consolazione）的入口，托迪（Todi）：
为了确切地传达重要的感觉，设了个纪念性的大门，实际门扇则只是一小部分。（摄影／
作者）

罗马圣彼得大教堂：看到院子里的小货车，我们才晓得建筑物的大小，如果亲历现场，不是看照片，也可以找到许多类似的量度参考。（摄影／图片联盟（Fototeca Unione），罗马）

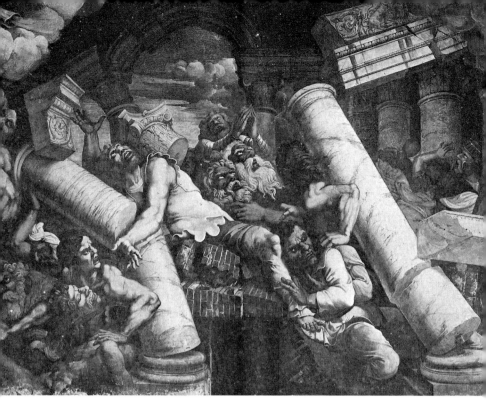

巨人厅（Sala dei Giganti）里的壁画，位于朱利奥·罗马诺（Giulio Romano）设计的曼图亚（Mantua）的泰宫（Palazzo del Te）：建筑是我们托付生命的艺术。（摄影／弗拉泰利·阿拉内里摄影公司（Fratelli Alinari））

"起初，你可能会，或许起码应该会失望，之后你才会体会到它的大小和光辉。你'能'感受到的就是这些——它不过是把雷明顿（Leamington，加拿大南部的城镇）的矿泉大厅放大罢了——不过'大'最后终于出声了就是：科林斯柱式的柱头就有 10 英尺高，上头的蕨床叶饰也高 3.5 英尺，令你深信教皇绝对不会错。可怜的科林斯人就容易犯错了，他们发明了这种柱式，柱头却多半没有手提的篮子来得大。"

不过对多数人而言，圣彼得大教堂暗示的并不只是教皇绝对不会错，

威灵顿纪念碑（Wellington Memorial），都柏林：没有组构技术的知识，我们同样会赞赏建碑的劳苦。（选自《詹姆斯·乔伊斯的都柏林》（Joyce's Dublin），爱尔兰文化遗产系列第 36 号）

它也暗示了人类惊人的潜力。赖特描述的现象（判断建筑物大小时缺乏可资比较的人形）在远观时也许会体验到——比方横越台伯河（Tiber）或由贾尼科洛山（Janiculum）山顶远望城市——但当我们靠近圣彼得大教堂时，周围无可避免地有些熟悉的形可以比较，这种现象就消失了。除非看照片（大家都知道照片会骗人），接近一栋建筑物时，我们也一定就在旁边，而且

圣彼得广场方尖碑树立的情形：900 多人，140 多匹马，合力拉 48 绳索才把这块古老的石头立起来。选自卡罗·方塔纳（Carlo Fontana）所著《梵蒂冈神庙》（*Templum Vaticanum*）一书的铜版画。（鸣谢罗马的美国学院（American Academy））

很清楚自己的大小。

　　人很奇怪，总以为理想的建筑物及建筑元素，尺度上应该很有人情味。圣彼得大教堂及许许多多巨大的结构体所产生的壮丽效果正好戳穿了这个古怪的想法。建筑依我们身体大小来调整固然好，但是如果限制在这样的大小底下——比方门廊只要我们可以通过的宽度就完了——对建筑师的语汇却是伤害。其实，建筑里真正让人快乐的是那些和人比起来很极端的东西。赫伯特·瑞德爵士在《圣像与理念》（ *Icon and Idea* ）一书里提到：

　　"哥特艺术的伟大在于其超人性（superhumanity），自由地运用抽象元素……唯一目的：'结合个人及宇宙'。……这样的目标不是没有人情味，正相反，它解放了人类受个人的、狭窄的视界所压抑的潜能。"

　　建筑物的大小和人体的大小还有另一种基本的关系：不管建筑物怎么造，怎么安排，对我们脆弱的身躯而言，其体量都是潜在的威胁。好的话，健康、安全，有遮蔽保护的作用；糟的话，可以要屋主的命。建筑是我们托付生命的艺术，这种动作让人心里产生特殊的感受：由危险而来的震颤，伴随着自甘屈从的尊敬。

　　建筑物的大小给人深刻印象的第三个理由，一方面来自重力，一方面来自人的力量：巨大的建筑都需要费极大的力气。即使不了解从前的建造技术也可以晓得，在尤卡坦（Yucatán）的丛林里堆叠石造的观测台，建造圣智慧教堂的圆顶，或者把方尖碑从赫利奥波利斯（Heliopolis，北埃及尼罗河三角洲上城市）运到罗马，再立起来，的确要费一番周折。对奋力建造的内在崇敬，并不因工具发展成熟、强固而稍减。直接的人力需求或许会减少，省力的设施却必须花脑力设计，而且这些设施必须有能源来推动，能源对人而言是很珍贵的。

　　建筑物的量并不一定限于单一结构体的高度或粗大程度，也可以是绵亘广阔的一群小元素。一座千根柱子的大厅也能以同样的方式，基于同样的理由，像巨大的塔一样让人生畏。而反复（尽管人们不怎么公平地称它

黄铜宫殿（Brazen Palace）残迹，阿努拉德普勒（Anuradhapura），印度：千柱厅和一座巨塔一样，可以让人难忘。（摄影／弗雷德里科·博罗梅奥（Frederico Borromeo））

天然气精炼厂，伊普西兰蒂（Ypsilanti），密歇根：简单几何形大得足以让人兴奋。
（摄影／巴尔萨泽·科拉（Balthazar Korab））

无聊）更是建筑师的重要工具：即使最微不足道的形式，出现频率足够的话，也能产生很强的效果。

此外我们也必须认清，即使大小本身可以有极大的力量，但光是大小并不足以赢得人们对建筑物的赞赏。一栋小房子当然可以非常之好，如文艺复兴时期菲利波·布鲁内列斯基（Filippo Brunelleschi）的帕齐礼拜堂（Pazzi Chapel）和多纳托·伯拉孟特（Donato Bramante）更小的坦比哀多礼拜堂（Tempietto）便是两个极佳的例子，而起码有两栋极高的建筑物（纽约的世界贸易中心），虽然很大却无法称之为令人印象深刻的建筑。部分原因可能是俗丽不当的纤巧细部不知不觉地压倒了巨大尺度应有的力量。建筑师想掩饰这两座塔的大小，结果他们就好像两只穿芭蕾短裙的大象。正如艾达·路易丝·赫克斯特布尔（Ada Louise Huxtable）在《纽约时报》（*New York Times*）上写的，它们构成了一则"谜语"：世上最细巧的巨大建筑。

相反的，一栋房子如果没那么大想装大，让人同样会察觉美学上的错失。这样的做作有时候很滑稽，有时候会很惨。1946 年，受经济条件的限制，尤其在住宅设计时，传统的构成法则不得不"缩水"，《如果你想盖栋房子》（*If You Want to Build a House*）的作者伊丽莎白·鲍尔·莫克（Elizabeth Bauer Mock）便警告我们，避免对大厦作"干枯的模仿"。她说："宏伟'缩水'后便成荒谬；小皇帝往往没有帝王的气派。"

假设建筑物的大小应该既能让人正确地掌握，也能恰当地表达；同时也假设约翰·拉斯金说只利用重量制造印象是"很蠢的方式"，但是建筑物的大小能予人深刻印象却是事实。当戏剧性地把建筑物的大小和地球的大小、人体及构筑时所需花费的气力连结起来，可以发现，只是大小就可以给予我们建筑上的快乐。而在任何大小之中，可以援用的形状无限多，这些形的设计就我们对建筑的反应而言，更细腻、更复杂。

二次大战期间的反坦克防线：
任何造形，不管单独看时有多单调，不管它究竟做啥用，大量地摆在一起，便能制造有力的视觉效果。（摄影／伦敦皇家战争博物馆）

第二章　建筑的形状
The Shape of Architecture

造形是个不可思议的东西，无法定义，却以殊异于社会济助的方式使人觉得愉快。

　　　　阿尔瓦·阿尔托（Alvar Aalto），1955 年维也纳建筑师协会的演讲

我们察觉得到的物体都有形状，每种形状（即使是最不吸引人的形状）对我们而言，都有某些微小而真实的信息，所以，内心因认知而感喜悦，某些潜在的喜悦即来自人们对形的了解。对我们来说，建筑物或者完整的建筑元素，都存在特定的满足感。套用一句哲学术语：我们追求、享受的是"完形"（Gestalt）——某本辞典对完形的定义是："某构筑物或形体……统合起来构成一个功能单元，整体的性质并非各部分之和。"除了我们感知这些东西，获得基本满足之外，形状引人注意，令人好奇，更以各种不同方式刺激或排拒我们。有些形因为带有特殊的信息，很容易了解它为什么会动人，有些则难以解释。不管解释与否，形的力量是无可怀疑的。

　　有了足够的大小，金字塔便能传达特定的力量。历史上的一再出现及其引发的丰富联想，当然提升了金字塔形的效果。埃及人视之为崇高而理想化的坟冢，确信金字塔是法老王永生的保证，当金字塔顶上的金冠反射

罗马万神殿：
巨大的鼓形，不但展现外部的面，同时暗示了内部的巨大空间。（摄影／作者）

41

初升太阳的金光，他们见了就像见到了神，显然，金字塔对埃及人的重要性我们永远无法想象。不过，它还是令我们感动。在了解缘起并与兴建者具共同信念的人都死亡之后，形留了下来，依然极其有力——一股固有的、实质的力量。

　　方尖碑的形状也很有吸引力，要设计一座不引人注意的方尖碑很难，虽然不是不可能。否认方尖碑象征阴茎并不实在，但是以此联想为其惊人吸引力的唯一缘由却是错的。方尖碑之所以吸引人，或许与性的关系较弱，倒是和大胆地反抗地心引力及惯性的关系强些。我们甚至可以说树立的阴茎（或者一只外悬的手臂，或是芭蕾舞女高举的腿）之所以吸引人系来自

里卡多·波菲尔（Ricardo Bofill）在法、西边界设计的西班牙边区公园（Parc de la Marca Hispanica）：大到一定程度之后，金字塔便产生了过人的力量。（塞丽娜·韦尔加诺（Serena Vergano），鸣谢建筑工作室（Taller de Arquitectura））

挖槽的白色石灰石墙，法老左塞尔（Zoser）墓群的入口，萨卡拉（Sakkara），埃及：相当尺度加上反复的韵律就变得强而有力。（摄影／作者）

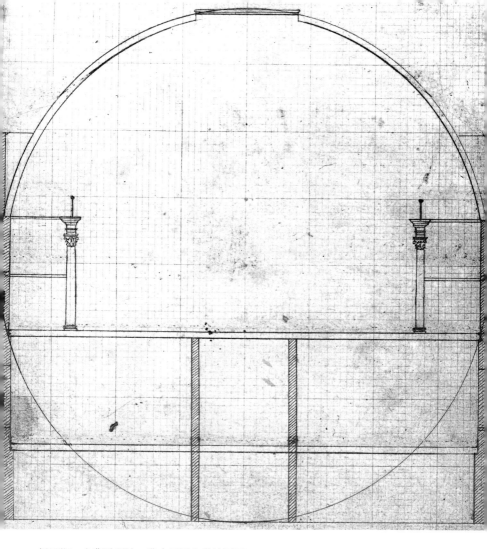

托马斯·杰斐逊所绘，弗吉尼亚大学的圆厅：
几何学决定的建筑造形。（摄影／弗吉尼亚大学图书馆手稿室）

结构上的努力，与人体的自然、沉静成对比。任何人，起码是弗洛伊德之后的任何人，都可以视建筑为性的象征，我们应该也可以将性视为构造的象征。

44

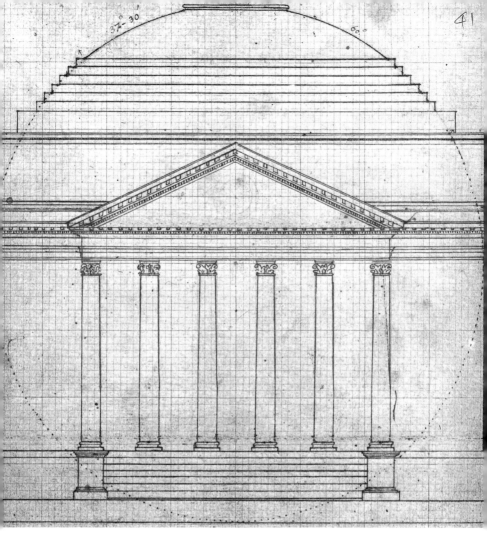

圆顶也是建筑上非常重要的形。它之所以有强烈的吸引力，要比女性胸部的类比复杂得多。和方尖碑一样，它的结构成就让人惊叹。它的确和金字塔、方尖碑不同，似乎代表了另一类的形，一个超乎雕塑领域、特属于建筑的形，我们可称它为"建筑造形"（a building form）。意即：圆顶不仅具有外在的面，同时也对其空间及组织做了一些提示。一般而言，造形（form）比形状（shape）层次高些。当建筑物内、外可以被同时认知时，当平面与内部空间（volume）密不可分地结合时——或如柯布西耶说的"剖

［上］锡尔卡普（Sirkap）的小塔，塔克西拉（Taxila），西巴基斯坦；［右］圣米歇尔教堂（St. Michael）的中殿，希尔德斯海姆（Hildesheim），德国：不管内或外，通常最简单的体量或空间最具吸引力。（摄影／［上］弗雷德里科·博罗梅奥；［右］马尔堡图片档案馆（Bildarchiv Foto Marburg））

二次大战期间法国昂热（Angers，法国西部城市）附近卫戍德国兵营的塔：
有些形状之所以引人遐思，正由于不寻常。（摄影／伦敦皇家战争博物馆）

面即立面"时——最能发挥建筑的极致。（但是不可否认，有些方案内部
是深刻感人的形，外在却缺乏独特性。）

　　无论内或外，通常最简单的体量或空间最吸引人，但是这些熟悉的基
本形之外还有更多、更神奇的东西：那些形，曼陀罗似的，勾起人情感上
的回应，燃起我们的想象，甚至具有偶像的神秘力量。或许我们从未见过
这些形，而它们之所以具有极大的魔力，正因为它们特殊。

　　一个形可能被其他的形强化或削弱。虽然单一形状的建筑物强而有力，
但这类建筑物毕竟是少数，通常我们的机能多需要用相当复杂的元素组成。
这样的要求未必即是美学上的限制，建筑师可以利用形的组合或重复给人
深刻的印象，也可以将两个极不相干的形叠置以引人惊异，只要这样的惊
奇感之后，相异形可以结合成单一的组织。

即使单一的形状处于主控地位，往往仍然需要不同的附属形，处理得好，这种组合同样受欢迎，就像让饼干更爽口的一撮盐似的。约翰·拉斯金认为"美丽的线条都是机械性地画成并有机地反差。"而里斯·卡彭特（Rhys Carpenter）在《希腊建筑美学》（*The Esthetics of Greek Architecture*）一书中，关于造形写到："和谐如数学般精准，然后一反其规则。"继柯布西耶之后，今天许多优秀的建筑师习惯用一个直截了当的主要形状和许多富有诗情的次要形状做对比，可说是对主要形状"有机地反差"。

建筑物组成中如果有重复的元素，机能要求往往便指示了差异所在。譬如路易·康（Louis Kahn）设计的金贝尔美术馆（Kimbell Art Museum），各个筒顶不全等长，有些还处理成内庭，但全体的完整性却不容置疑。而我们也确能坦然接受这些变化。

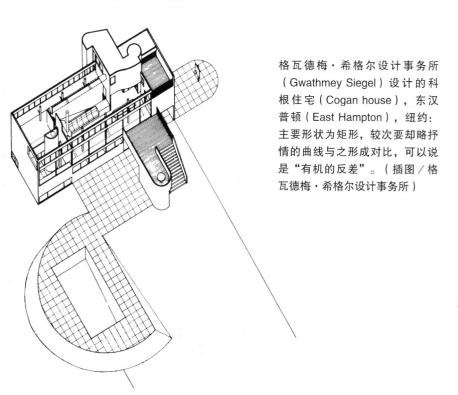

格瓦德梅·希格尔设计事务所（Gwathmey Siegel）设计的科根住宅（Cogan house），东汉普顿（East Hampton），纽约：主要形状为矩形，较次要却略抒情的曲线与之形成对比，可以说是"有机的反差"。（插图／格瓦德梅·希格尔设计事务所）

路易·康的金贝尔美术馆，沃思堡（Fort Worth）：虽然这些平行的穹隆长度不一，虽然里头甚至还夹了中庭，整个设计的完整性却不容置疑。（鲍勃·沃顿（Bob Wharton），鸣谢金贝尔美术馆）

　　造形或形状可通过表面处理得以强化或变得模糊不清。装饰的价值不容否认，否认本身装饰价值的建筑都是贫乏的建筑。装饰的喜悦正是绘画和雕塑的喜悦，追求建筑的喜悦，不但要注意表面，更要探究潜藏其后的本质，如此我们才能了解19世纪美国雕塑家、机能主义者、道德家霍雷肖·格

卢卡大教堂：这座建筑的外观之所以令人喜悦，原因在立面上每根柱子的图案都不一样。（摄影／图片联盟，罗马）

巴贝里尼宫（Palazzo Barberini）的屋顶，帕莱斯特里纳（Palestrina）：
屋瓦的图案说明了底下的形状。（摄影／作者）

里诺（Horatio Greenough）所称的"本质的高贵庄严性"（the majesty of the essential）。

　　或许就是这样，人们比较喜欢褪了色的希腊庙宇。不是我们不喜欢那些色彩或装饰，而是这样整理过后，人们更容易解读其造形。就是这个理由，真正令人喜悦的，不是那些只靠表面装饰而忽略形的建筑物。正如新古典主义理论家马克·安东尼·洛吉耶（Marc Antoine Laugier）于18世纪中叶所写："建筑物如果比例不好，上头滥置装饰是没有用的。"在《造

位于罗马多拉区（Quartiere Dora）吉诺·酷派德（Gino Coppedé）设计的房子：
装饰本身即是趣味，甚至可以赋予建筑生命，但装饰永远不等于建筑。（摄影／作者）

形与文化》（*Form and Civilization*）一书中，身兼教师、开业建筑师的英国作家威廉·理查德·李瑟比（William Richard Lethaby）脑子里对建筑必有特殊的想法，他警告说："艺术不是用于家常菜的调味品，如果它好的话，它就是料理。"

基于同样的理由，因为对形状来说装饰是浮面的，所以只要装饰背后的形安定，我们大可不必计较其适切与否。我们不讨厌——甚至喜欢——把杜伦大教堂（Durham Cathedral）的大方柱及卢卡（Lucca）大教堂（the Duomo）的列柱敷上不同的图案，因为它们整体构成的力量都极完备，此番小变动惊动不了它。

甚至有一类很奇怪的装饰，可以帮我们看清它所覆盖的东西——像建筑形式或构造上必要元件的装饰。屋瓦的图案可以说明其下屋顶的斜率或曲率；隅石可以强调角隅部的转折性格；线角可以标明两种材料的接头。这些装饰或许和其他的装饰一样是纯装饰性的，但它们同时也具有说明性。

当然，许多非常有趣的建筑物给我们的只是装饰（尽管有些装饰繁复的建筑物提供的更多）。敏锐的英国建筑师彼得·史密森（Peter Smithson）在谈论"伟大的巴洛克大教堂"时指出，即使它们"以表现主义者的观点来看，并不都那么具戏剧性，但它们靠空间及塑性语言（plastic language）的严格统一性来传达意义"。并说，"这些工具仍然可用。其实，它们是建筑'仅有的'工具。"所以，装饰本身是可以赞赏的；就它和身后形体的关系而言，它可以让建筑变得模糊或清楚，它可以将之窒死也可以赋予活力。但是装饰绝不等于建筑。

空无装饰也行。18世纪建筑师艾蒂安 - 路易·布雷（Étienne-Louis Boullée）认为平淡素朴适于坟冢，可以传达某种情感状态：

"平滑、光突、毫无装饰的纪念碑最使人难过……完全没有细部，没有阴影来形成装饰。不完整的形上，我们也可以寻得喜悦。人们多喜欢不那么直接明显的事物。"

圣塞西利亚广场（The Piazza Santa Cecilia），罗马：
许多形式，那股令人困惑的未完成感，正奋力在合并。（摄影／图片联盟，罗马）

　　艺术家则很明智地掌握了这种倾向，正如沃尔特·佩特对米开朗琪罗的描述：

　　"通常是、似乎一直是以一种相当个人且特属于他自己的方式，意外似地确保了作品表现上的个性及强度，避开了生硬的写实主义。无论在别的作品上花多少时间，米开朗琪罗几乎将所有的雕塑都置于一种令人眩惑的不完整状态，而得到这种意外的效果。这种不完整状态提示、而非如实

希拉波里斯古城（Hierapolis）罗马剧场的残垣、断柱：
颓毁的建筑造形。（摄影／图片联盟，罗马）

表现真正的造形……这种不完整状态相当于米开朗琪罗雕塑中的色彩；这
是他升华纯粹造形、解放生硬写实主义的方法，也是他传达呼吸、脉搏和
生命的方法。"

  这也是他让观者在发现造形、臆想人体如何从石头中挣扎出来时，成
为参与者的方式。废墟状的建筑也往往让人着迷，牵动人的想象力去填补
失踪的楣梁，去幻视残破的列柱，平复毁损的岁月，复原建筑师的意图，
并且——无论什么年代、什么状况下的建筑物——想象其中的生活。

当然，废墟和新建筑一样，让人迷惑不解便难有喜悦。建筑师在引用造形变化、模矩、装饰及不完整性等工具时，必须了解过度使用或形式不统整的后果。最好不要从特例开始，而冀望整体明确可辨，一开始就必须呈现整体感。没有造形可供干扰，不可能设想出再高明的干扰方式；也没有哪栋重要的建筑物先从装饰开始设计，再以鹰架支撑。威廉·燕卜荪（William Empson）在《暧昧七型》（*Seven Types of Ambiguity*）中提到多义句的效用（对作家而言），这与查尔斯·詹克斯在建筑上所谈的"多价"（multivalence）似相平行。但燕卜荪警告我们，他所描述的方法"置诗人于困境。即使是散文，执着多义句也容易造成空论泛滥。希望它更快地传达意义，反而很容易搞得一团糟"。此警语显然也适用于建筑。

如果它们不是一团糟，隔离的形状可以对我们说许多话。当形状不只是轮廓线，当它们的构成及包含的空间均动人时——当它们配称造形时——它们的信息特别丰富。

有时候形状传达的信息和美毫不相干，这些信息可能是字面上的、教诲的，甚至激励的，譬如，基督教教堂的平面形，可以用十字或一些较不明显的基督教符号如鱼之类；它可以是一个等腰三角形，代表圣三位一体；或者它可以是一个圆，用安德烈·帕拉迪奥（Andrea Palladio）的话来说"最能表达神的统一、无穷本质、一致和公正"。

对整个作品有了强烈的想象，对想要的造形目标有了预知，建筑师有许多不同的路可走。许多思考、判断、处理的不是整体，而是其构成部分。形状当然重要，但必须考虑的不是单一形状的冲击，而是部分与部分之间及部分与整体的关系。只有极少数的形可能单独与我们对话，多数形必须和其他形配合，在组织中与其主形或仆形构成一个层级，或与它们同等的邻接形一起与我们对话。由它们的合成音、它们的相互影响、彼此的和谐或冲突，衍生出所有建筑作品的重要特色。

第三章　建筑里的形
The Shapes within Architecture

我们可以视建筑作品为活的有机体，每一部分都遵循相同的规律，否则，它便可能无法壮健地生长。

安德烈·吕尔萨（André Lurçat），《建筑》（*Architecture*）

利用相似、重复或比例等手法放在一起的形，可以产生构成上的联系。类似形不必完全相同，让人感觉是同一类型就够了，人有时候喜欢变化，这样甚至比完全一致更讨欢喜。很难想象哪些形不容许添加，即使某些形分开来时高度图像化、无法描述或非常丑陋，利用相似达到统一却是相当有用的法子。

比方 L 形，由于尴尬而缺乏主导的方向性，人们多半避而不用。如果有其他的 L 形，它便有了表现的机会，可以共同构成吸引人的造形。此外，上突或下凹的曲线和其他曲线一起使用时最能发挥特色，最好是——因为建筑是三维的——在不同的平面和不同的位置，平面上的曲线可能是立面上一条曲线，可能是桶形天花，甚至圆顶。其实，任何形只要能引起人的回忆、回应，或因为其他的形而被提及，都可能成为好的设计。

法院（Pretura）的一扇窗，卡普亚（Capua）：
形状要和谐，不一定要完全相同。（摄影／图片联盟，罗马）

圣玛丽亚和平教堂正面的细部，罗马：

某个面上有条曲线，我们便会在另一个面上看到一条补助的曲线。（摄影／作者）

　　要成功地组织建筑物各个不同部分，类似的形状、大小、特征可能是重要条件。美国建筑杂志《建筑评论》（*Architectural Review*）在 1899 年时曾讨论理查德·莫里斯·亨特（Richard Morris Hunt）设计的大都会艺术博物馆面向第五大街的立面：

　　"这个设计的确特别，雄伟、庄严而富纪念性。可是却犯了个严重的错误，中央的体量与两翼之间缺乏尺度上的共同标准。中央体量的每个细部都极巨大，两翼的细部则极细小，所以不是相互调和而像是整体中的一部分。中央之大和两翼之小被彼此的差异给夸大了。"

理查德·莫里斯·亨特设计的纽约大都会艺术博物馆：
"面向第五大街的立面，两翼及中央体量缺乏共通的尺度。"（摄影／美国建筑师协会印刷品及绘图收藏基金（AIA Foundation Prints and Drawings Collection））

詹姆斯·斯特林设计的圣安德鲁大学（St.Andrews University）宿舍：
因系由大量相同的预制混凝土板所组成，明显的模矩关系使整体呈现高度的视觉秩序。（摄
影／［上］布莱希特－艾因齐格公司，鸣谢詹姆斯·斯特林；［右］摄影／詹姆斯·斯特林）

建筑师埃兹拉·埃伦克兰兹（Ezra Ehrenkrantz）发明的立体数目格子，如果建材都采用上头的尺寸，便自然地形成构造上的模矩关系。（摄影／作者）

　　一个形可以和完全相同的形摆在一起，此特殊的组合方式可称之为模矩。模矩化有其特殊的优点：构造设计很方便。显然，同样大小的混凝土块或完全相同的胶合板用起来很有效率。模矩在房屋工业上的应用并未达到其艺术化的主要目标，主要成就只是构造的次序化。10厘米（几近于4英寸）的模矩，建材制造商早已引用。建筑师设计细部时大部分的时间、

位于罗马马焦雷门（Porta Maggiore）的所谓"面包师纪念碑"（Baker's Monument）：反复的圆洞造成使人吃惊的表情，这些圆洞的重要性——象征古罗马的烤箱——只是有趣的附加信息，对视觉效果来说并无必要。（摄影／作者）

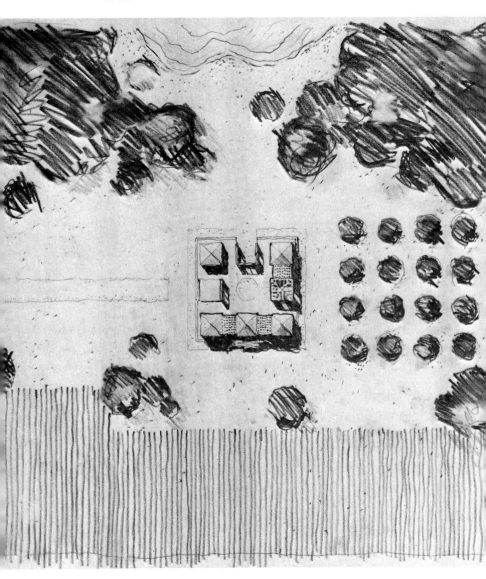

托德·威廉姆斯（Tod Williams）及比利·钱（Billie Tsien）设计的沙滩住宅：共有 8 个分开的单元，每单元大小形状完全相同。（插图／托德·威廉姆斯）

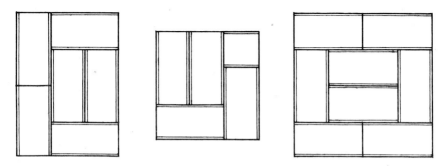

传统日本房间，分别是6块、4块半及8块榻榻米的大小。

精力都花在材料的接头上，如果所有构件——砖、面砖、冰箱、淋浴间——各向长都是10厘米的倍数，建筑师的工作变得多简单！结果多简洁！

即使不用标准化的元件，采用相同的开间也是很好的省材方法，不必每个开间都独立创新——譬如哥特式大教堂里，一再反复的方柱尺寸及拱筋图形。这种形状上的模矩关系和其他方式的差别有三：一、它和美学的关系不那么直接；二、虽然有二维及三维的效果，其重点仍在一维的反复；三、容易掌握。虽然大家都知道运用模矩可以增加效率，它还是有某些美学上的效果，其实（很重要的事实）美学上的成就往往得助于秩序。有人把美学上的效果苦心经营到近乎诗的境地，理查德·布克敏斯特·富勒更将之联及许多其他领域，以他的话说："在近乎完全专业化纪元中的博识者"。

模矩也提供了些许纯粹美学上的优点：更容易找到单元间的关系，更容易配合、复制及掌握共同特征。日本传统住宅虽然外廓不规则，却透出一股安静、均衡、一致的气氛。主要原因就在其模矩化的平面：一群房间，每个房间大小都配合数个榻榻米垫，每个榻榻米大小完全相同（约3英尺乘6英尺）、形状完全一致。

正方形模矩比较特别，单位长度在每一单元中反复、排除了其他的长度，不强调方向性、有更多的共同性。方形模矩没有变化，能玩的视觉游

威廉·凯斯勒设计的柯曼青年娱乐中心，底特律：玩各种不同大小正方格子配合的戏法。(摄影／威廉·凯斯勒）

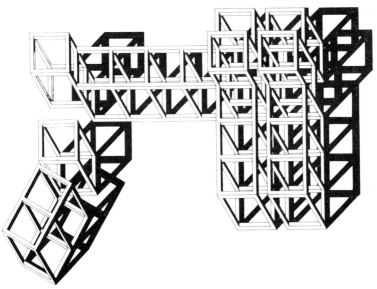

矶崎新设计的群马县美术馆，日本：虽然完全是由立方体组成的图案，但整栋建筑物的变化和趣味却远超过图案。（摄影／荒井正雄，鸣谢日本建筑师株式会社；插图／矶崎新）

矶崎新设计的福冈相互银行，长住：
更清楚地处理正方格子。（小川大助，鸣谢日本建筑师株式会社）

戏或许太简单了！威廉·凯斯勒（William Kessler）的底特律柯曼青年娱乐中心（Coleman Young Recreation Center），利用方格子布满整个空间，这种手法非常有趣，从 4 英寸宽的瓷砖到遮蔽机械设备的天花板——4 英尺宽的方格；再看看矶崎新的日本群马美术馆，完全是立方体的组合，却远比方形图案更有变化、更有趣。利用相似或重复形以追求构成上的统一和谐，实际上也提供了许多变化及繁复化的可能。

更复杂的分析则在比例的运用，这些形或长度间的关系就不再是明显的相似性，而往往诉诸抽象的系统。埃及、希腊、文艺复兴时期的意大利，乃至我们这个世纪——其实，建筑史上许多时期——人们的注意力都放在相关的观念（the related notions）上，认为比例系统可以指导人们设计东西，而熟悉这些系统的建筑师远较不熟悉者为佳，且使用者也会以具备比例系统之建筑为优。通常打算运用比例系统并不是因为它具有美的效果，而是由于有其他实际的或想象的特点。这些特点是多方面的，但大致可归为四类或其间的组合：音乐（music）、年代（age）、自然（nature）和算术（arithmetic）。

比例系统中最久的一类是音乐的类比。此论的倡议者发现乐器弦长与空气柱长间有单纯的数学关系，这些关系组合成声音的高低，并立刻跳到结论，认为这些关系看起来应该和它们听起来一样和谐。1485 年出版的建筑师兼理论家列侬·巴蒂斯塔·阿尔伯蒂（Leone Battista Alberti）的著述中写过：“数字透过音的和谐使我们的耳朵感到愉悦，同样地可以使我们的眼睛和心灵愉悦。”假如这是真的，为什么？身兼物理学家、数学家的 16 世纪意大利哲学家杰洛尼莫·卡尔达诺（Geronimo Cardano）提出了一个理由：“对听而言，认知称为协调；对看而言，美……（In hearing, the known is called consonance; in seeing, beauty... ）因为认知可以得到快乐，正如不知可悲一样。”天主教修道士弗朗西斯科·德·乔治（Francesco di Giorgi）在《论宇宙的和谐》（De harmonia mundi, Venice, 1525）中以音调解释行星间的距离，之后安德烈·古利提总督（Doge Andrea Gritti）首度引用其理

俄罗斯诺夫哥罗德（Novgorod）附近的圣乔治教堂（the church of St.George）：反复使用相同的形状以建立统一感。（摄影／威廉·克拉夫特·布伦菲尔德（William Craft Brumfield））

于雅各布·桑索维诺（Jacopo Sansovino）设计的圣·弗朗西斯科教堂（San Francesco della Vigna）上。（据之后比例理论历史学者鲁道夫·维特考尔（Rudolf Wittkower）的说法，乔治用八度音或五度音说明其建议的中殿尺度比例）无论是音乐、行星或建筑，和谐均被视为引用数字的结果，这些数字间存在着简单的比率关系。

　　为人熟悉的相称关系（commensurability）确似建筑和谐之源，我们有

侧立面，格瓦德梅·希格尔设计事务所设计的韦茨海滩住宅（Weitz beach house），矩形构成（Quogue），纽约：相似矩形所做的构成。（诺尔曼·麦克格拉斯（Norman McGrath），鸣谢格瓦德梅·希格尔设计事务所）

巴山塔布宫（Palace of Basamtapur）的正面，加德满都：
神秘的形状，不一样的构成。（摄影／阿道夫·吉罗东（Adolphe Giraudon），巴黎）

理由假设，眼睛在辨识建筑元素间的关系时可获得满足感，而只有极简单的数学关系才可以辨识。但同样的认知却非音乐和谐之源。长度比为 3：2 的弦一起拉或拨奏，的确产生五度的音程，2：1 的弦则产生八度音程。五度或八度音程都是令人愉悦的声音，和毕达哥拉斯发现的结果一样，但它们令人愉悦却不是因为我们的耳朵察觉出它们 3：2 或 2：1 的关系。听一个五度音程，我们可以听到两个个别的音，却不可能听出这两个音之间的数学关系。我们的分析也并不鼓励追求"视—听"间的平衡关系；百余年前德国物理学家兼生物学家赫曼·路德维希·费迪南德·冯·赫尔姆霍茨（Hermann Ludwig Ferdinand von Helmholtz）曾说：我们对和谐音乐的感知与耳中薄膜的振动有关，但此薄膜与视网膜及视神经的组织不同。

　　不和谐音的概念也说明了视听和谐间的差异。音乐上，一个完整音程只要一点极微小的变化就会产生不和谐的印象。建筑上，一群长方形——比如说一列花岗岩板——一个长方形若较其余的稍小，也会产生类似的不快感觉。然而当我们单独看一个长方形时，它绝不会不和谐。假设存在完美比例的长方形，稍微变动一下我们仍然会觉得不错。

　　以音乐作为绝对标准的模型，其价值已被大大减弱。因为事实上音符间的和谐与否并非一定的状态，而是随着历史或音乐前后之不同而变，希腊人所定的完美声音并非我们今天在钢琴上听到的声音，在约翰内斯·勃拉姆斯（Johannes Brahms）的四重奏中听起来不和谐的合弦，可能在卡尔海因兹·斯托克豪森（Karlheinz Stockhausen）的作品中听起来完美无缺。

　　柯布西耶说："音乐和建筑相似，都是用来量度的东西。"但它们的量度方法却不一样，而各个的量度系统都会变。这两门艺术真正的关联性实际上在于人们会"逐渐地去感知"（a quality of being apprehended incrementally），音乐随时间，建筑随空间（及通过空间所需的时间），它们彼此可以互为对方的隐喻，音乐羡慕建筑的永恒性，建筑羡慕音乐的抽象性。但是在音乐和谐的机制（mechanics）中寻找建筑比例系统的依据是不会成功的。

　　另一类比例系统声称要揭开古代的秘密。埃及金字塔及帕提侬神殿（Parthenon）是人们说明古人运用比例系统最常引用的例子。塑胶制的齐奥普思金字塔（Great Pyramid of Cheops，即胡夫金字塔）模型，据说比例精准的话，可以让牛肉历时数月仍保新鲜，可以磨利钝了的剃刀。帕提侬西向立面图的几条曲线和对角线，头对头地接起来，产生令人恍惚的效果。

关于牛肉保鲜的秘诀似乎并非本书讨论的范围，而到现在对帕提侬造形的研究并未结论性地说明希腊建筑师必然引用了此一系统。（漂亮的长方形、正方形、圆也可以加在一些极丑的立面上，而这个说法似乎从来没有人尝试反证过！）

最早声言揭开古代秘密的是罗马作家兼建筑师维特鲁威（Vitruvius）系统研究希腊比例后所得的原则（例如，前头构架的厚度为门高的 1/12，并从下向上逐渐减少宽度的 1/14）。和帕提侬神殿的投影线一样，维特鲁威试图证明整个原则系植基于一套简单的比例系统，而从此系统可以得到其他的原则。可惜并没有让人信服！

即使这种企图有说服力，要确认古代知识优于当今，必须先确定古时的建筑确实优越。但事实却未必如此。某些古代建筑不可否认的确是杰作，但却并非全是，且如果杰作的产生系基于一套原则"轻易地达成"，人们为什么没有一再引用？单独用年代（age）作为任何比例系统的理由总令人怀疑。

第三类讨论到大自然，宣称所有比例系统都可以在神奇的大自然里找到，譬如向日葵顶部有趣的曲线、雪的结晶形等。以这种观点出发，用阿尔伯蒂的话来说，大自然"是万物最优秀、最超卓的导师"。

难题又来了，虽然很难想像丑的雪花，一栋像雪花的建筑物想起来就极荒唐。主张自然的比例原理绝没有说建筑物要像雪花，而是应该引用结晶之类自然造形里的设计原则。就算这样，这个法子也必须建立在一个假设上，即建构自然界的原则无可避免地会产生美的东西。我们知道这不是事实：北极圈，到处都是雪，据报导是一片严寒荒地；怪兽希拉毒蜥（Gila，分布于美国西南部的大毒蜥）并不吸引人；甚至有些日落的颜色组合令人作呕。自然主义者的确发现自然的每一面都值得研究，就某种程度而言也确实值得保存，但并非整个大自然都可称为美。

另一个自然学派的分支比较值得留意：在人身上寻求比例系统。正如

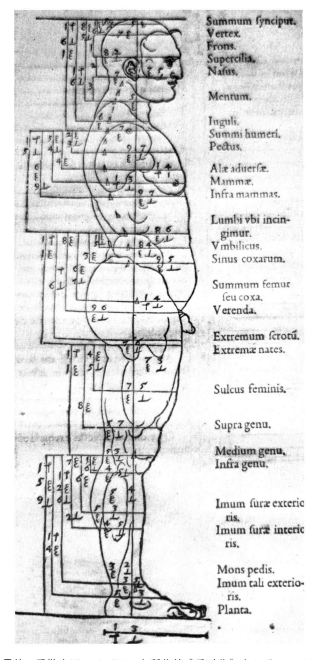

Summum ſynciput.
Vertex.
Frons.
Supercilia.
Naſus.

Mentum.

Iuguli.
Summi humeri.
Pectus.

Alæ aduerſæ.
Mammæ.
Infra mammas.

Lumbi vbi incin-
gimur.
Vmbilicus.
Sinus coxarum.

Summum femur
feu coxa.
Verenda.

Extremum ſcrotũ.
Extremæ nates.

Sulcus feminis.

Supra genu.

Medium genu.
Infra genu.

Imum ſuræ exterio
ris.
Imum ſuræ interio
ris.

Mons pedis.
Imum tali exterio-
ris.
Planta.

取自阿尔布雷特·丢勒（Albrecht Dürer）所作的《反对称》（de Symmetria）：寻找人体各部分精确的数学关系。（鸣谢罗马的美国学院）

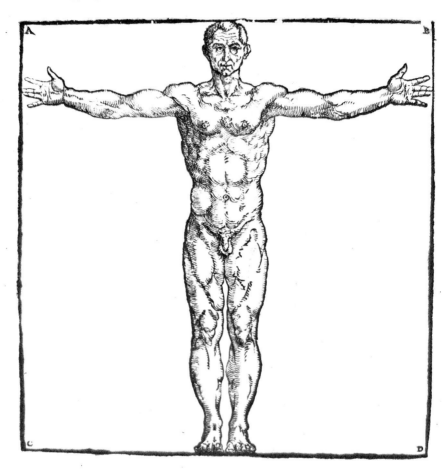

维特鲁威式的人形，乔瓦尼·安东尼·卢斯科尼（Giovanni Antonio Rusconi）所绘，1590 年出版的版本。这人伸展双臂、双腿触及两个重要的形——方与圆。鲁道夫·维特考尔认为"这个简单的图，似乎透露了人与世界之间深刻而基本的关系"。（鸣谢罗马的美国学院）

一只希拉毒蜥在别的希拉毒蜥眼中看来是美的一样，人（起码一个理想人）对人类而言是美的。而且，人使用建筑物，建筑物一定会和身体直接接触，楼梯级深、门把高度、浴盆高度，及其他林林总总建筑里的物品，都和人

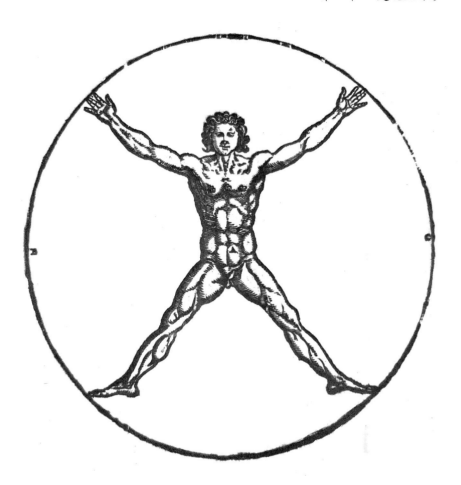

体大小有关。安乐与广阔的感觉直接来自空间与人体大小的关系。

　　维特鲁威认为希腊柱式分别对应不同的体型：多立克柱（Doric）对应矮胖的男人，爱奥尼克柱（Ionic）对应细长的女子。这或许只是假想，然而，维特鲁威可能是最先严正地视人体为建筑比例之源的人。他以为一个人，再次注明系理想人——两腿伸开、两臂抬平，可以触及两个基本几何形（方和圆）的边缘。这个强有力的想象在维特鲁威的文章中一再以不同的图出现。维特考尔写道："这个图，似乎透露了人与世界间深刻而基本的事实，它

79

对文艺复兴时期建筑师的重要性是无可估计的，这个意象整日出没在他们的脑子里。"维特考尔引自列奥纳多·达·芬奇（Leonardo da Vinci）的朋友卢卡·帕乔利（Luca Pacioli）所著《神圣比例》（*Divina Proportione*）："我们应该先讨论人的比例，因为从人体可以得到一切的尺度及其单位，而且，在人体上可以找到上帝藉以透露自然深刻秘密的一切比例。"

帕乔利所表达的是个简单的事实，也是颇富想象力的神学思想。这个简单的事实（至少在他写的时候是）很明显："从人体可以得到一切的尺度及其单位。"人们开始度量后即发现，身体的某些部分可以方便地做为粗略的计量单位。在美国统一改用公制系统之前，英尺仍是个度量单位，以前许多地方住着脚（foot）长度都差不多大的人，他们也用英尺（foot）做度量单位（和米——地球赤道到极点的子午线长的一千万分之一；比较起来，抽象而随意，却很方便）。其他由解剖学而来的单位则有手、手掌、指幅等。当然，这些单位的来源并未给它们任何美学的意义。

帕乔利假设人体是上帝透露自然"最深刻秘密"的工具，其实就意涵了美学上的重要性，而且此书当时非常吸引人。今天这个假设不再受支持，甚至不可理解，当然更无法证明。事实上，我们无法证明以大自然为本或以人为本的比例系统必然引导人实现更好的建筑，但我们可以说建筑与人体亲密相关，任何好的建筑物都不能忽视这种关联性。

有些关于比例的假设结合了关于年代假设的合理化以及自然表象的合理化。杰出建筑师约翰·索恩爵士（Sir John Soane）在19世纪初在皇家学院演讲时说道："青年学子们不断研究……在丰沛的自然中所寻得的和谐、恰当，以及各部分间的相互关系，体验古人堂皇杰作的神奇效果。"设计罗浮宫东向立面的建筑师克劳德·佩罗（Claude Perrault）认为"古人以为使建筑看起来美的比例系来自人的比例，这个想法不是没道理的……"之

神慰圣母玛丽亚教堂，托迪：
基本几何体——正方体、长方体、圆柱、半球——的集合。（摄影／作者）

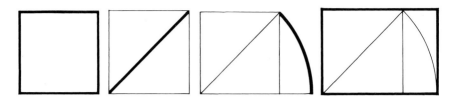

左至右：方形；画一对角线；旋转此对角线；1：$\sqrt{2}$ 的矩形。

后佩罗发现不存在单独的"理想"人形。而他借着这个发现提议：不同的形体或许即是不同建筑物的理想模型。也就是说，从事重体力劳动工作者比从事斯文工作者粗壮，工厂的比例应以劳工为度，而音乐厅则以小提琴家为度。很好的想象，却很难当成制图室里的指南。

最后是和其他三类不可分的，算术的比例系统。由于数字间的关系永远不变，以算数为依据的系统使它罩上一种古已有之的氛围，正如保罗·西奥多·弗兰克（Paul Theodore Frankl）在《造形与改造》（*Form and Reform*）一书中所写的"算术与几何独立于时间之外，它们所具有的美是天生而不变的"，而埃德娜·圣·文森特·米莱（Edna St. Vincent Millay）声称"欧几里德看到了赤裸裸的美"。算术的辩理也常常和自然的辩理合在一起，伽利略说："描写自然的伟大著作……是用数学的语言写成的。"

以最简单的算术为例，1 与 2 之间的关系可以视为极有价值的比例工具，不是因为它类比于音乐上的八度音程，而是因为任人皆知 1 乘 2 等于 2（提供了一个有用的数列 1，2，4，8……），1 加 1 等于 2（另一个数列 1，2，3，4……）。这些简单的算术应用在几何上，可以得到两个形：正方形及双正方形，可能假设——经验上，我们知道——满足视觉需求。其他的形就变不出来了，因为一个长边为短边三倍或四倍的矩形，看起来只是一个较长的矩形，而不易看成三个或四个正方形。

其他的算术系统更复杂也更有趣，其中有两个在比例理论中特别重要，

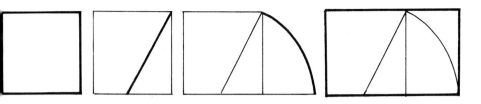

左至右：方形；底边中点和对角连线；将此斜线旋转；黄金矩形短边比长边是 2：1+$\sqrt{5}$。

而且都运用了无理数。用再多位的小数也不可能得到一个确实的无理数，这两个比例则都引用了这样的数。似乎因此它们就不适合应用到建筑上，其实不然，人眼的洞察力往往粗疏，用一个有理数代替一个极接近的无理数，可能根本察觉不出来。

头一个由一个正方形及一条对角线开始，以其一端为圆心，对角线旋转划出一道弧，延伸正方形之一边与弧相交，以此线段为边做出一长方形。由平面几何原理知，正方形对角线长等于两边长之平方和开根号，因此所得长方形之比例即为 1：$\sqrt{2}$，两边和即等于 1+$\sqrt{2}$，近于 2.414。虽然无法用整数正确地表出 $\sqrt{2}$ 或 1+$\sqrt{2}$，却有个逐渐接近的数列。如果我们从 1 开始，下一个数除以 1 后最接近 2.414 的显然是 2，由 2 我们进到 5（5÷2 = 2.5），从 5 到 12（12÷5 = 2.4），继续下去，这个整数数列便愈接近 2.414。1, 2, 5, 12, 29, 70, 169……，这种数字关系称为 "贝尔数列"（Pell's series），每个数乘以 2 再加上前一个数等于下一个数。

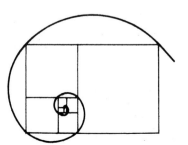

将一系列黄金矩形的角连起来，成了一条对数螺线。

83

威廉・斯特瑞兰德（William Strickland）设计的商贸馆细部，费城：螺线是建筑里常用的基本图案。（摄影／朱莉・詹森（Julie Jensen））

这一特点或许很有趣，但就与其相应的矩形而言，并不具备美学上的意涵，不过 1：$\sqrt{2}$ 的矩形——居于正方形及双正方形之间——通常被认为是令人喜悦的形。此外它还有个优点，在任何基地上作图都很容易，只要有一根绳子当对角线，我们可以不管 $\sqrt{2}$ 这个无理数。而必须用整数时（无理数在施工图上看起来会很愚笨），可以很方便地以贝尔数列的近似值取代。

最后，讨论最著名的比例系统，此系统被并入到柯布西耶的"模矩"中，同时建基于日后人们所称的"黄金"矩形及"黄金分割"。同样由正方形开始，但这一次我们从底边中央向对角画斜线，再次将斜线外旋画出一道弧，之后构成一矩形，一个比例更好的长方形。可是它的名气却非来自悦目的形，罗杰·C. 费里（Roger C. Ferri）设计的"徒步城"（pedestrian city）：
建筑物打上斜线；打点的蛇形区域是公园。费里自己说："所有街道都是人行道，街道所构成的图案来自斐波纳契螺线，弯曲的路径不断地向行人展示其身后的城市，每一步都给人与韵律有关的启示，比起直交的道路系统就更能提供丰富的都市戏剧性。直交道路的远景一眼就看穿了，也就减少了想去发现什么的趣味。"（插图／罗杰·C. 费里）

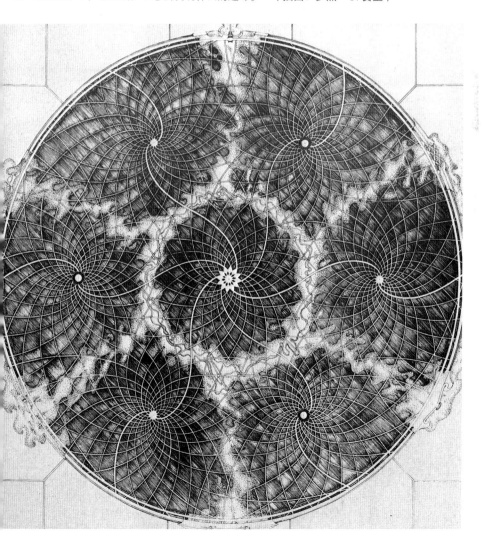

而是来自以下不寻常的性质。

这个长方形的比例是 $2:1+\sqrt{5}$。如果我在矩形中移去原来的正方形，剩下的长方形比例仍然是 $2:1+\sqrt{5}$，再去掉一个正方形，会剩下另一个相似的长方形，如此继续到无限小。另一件有趣的事是，一个简单的几何形——螺线——会将这一系列无穷多的矩形各角连结起来。当然，螺线被认为是大自然中最受喜爱的形，螺线定出了向日葵花冠、蜗牛壳及螺旋星云的特性，在古典建筑中也是个受欢迎的图案。

这个系统里所含的数字也是无理数，某些人讨论这个主题时已经注意到了这一点。杰伊·哈姆布里吉（Jay Hambridge）即称 $2:1+\sqrt{5}$ 的长方形为"旋转方形的矩形"（the rectangle of the whirling squares），并以此比例系统为"动态对称"（Dynamic Symmetry），其动的特性在于只有无穷多位小数以后才能界定这个数。在哈姆布里吉的观念里，运用整数的比例系统都是"静的"，而且"无疑地动的比静的好"。

不管我们是否接受这个观念，事实上有另一个整数列。"静的"数列——斐波纳契数列（Fibonacci series）——趋近"黄金"矩形的一边，这个比率即（$1+\sqrt{5}$）/ 2 或近乎 1.618。同样从 1 开始渐次增大，后一数除以前一数所得商渐渐接近 1.618。此数列 1, 2, 3, 5, 8, 13, 21……和贝尔数列相似，也有诡异的性质：每一数加上前一数等于次一数。

许多人觉得这种算术上的巧合很有趣，这是可理解的。而且黄金比在作图上的简便，使人相信它确实曾为古人运用。它与自然现象中螺旋结构的关系也是挺有趣的，但其中并没有任何获得优秀建筑的保证。

柯布西耶将合理化的神奇算术（arithmetic-as-magic）与以人为尺度的概念相结合，把这个比例系统搞得更复杂，其"模矩"系统（modulor system）的主要基础即在斐波纳契数列的数字。他也宣称"这些度量的价值可以说在于与人形间的特殊关连性。"他的图案是一个一手伸过头顶的人，有几个重要的点——肚脐、头顶、指尖，和旁边尺上的刻度相对应，

耶鲁英国艺术中心的门厅，路易·康设计，纽黑文（New Haven）：
细心处理的比例及单纯反复所塑造的沉静秩序，让人享受到视觉上的喜悦。
（摄影／乔治·切尔纳）

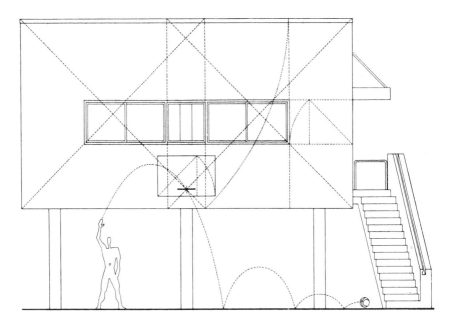

建筑师安东尼·埃姆斯（Anthony Ames）在研究自己工作室的立面时，画了一个柯布西耶的"模矩"人，站在一系列 $1:\sqrt{2}$ 矩形底下丢篮球。（插图／安东尼·埃姆斯）

表面上似乎是维特鲁威人形的现代版，但柯布西耶很清楚，他的图不一样。1947 年在伦敦对建筑联盟演讲时他说："我们无法接受这个流行的概念，也无法想象一个眼观四方的人站在圆中央。"然后他画了个维特鲁威的人形，说："我在圆的上方写上'文艺复兴盛期'，底下写'这是错的'，人的眼睛长在前面，不在后面，也因此他获得建筑的印象。人可以同时由一边看到另一边的想法纯粹是幻想、错觉，建筑的印象是连续的！"即使如此，不论是在圆或黄金矩形里，人体再次被用来支持这个系统，柯布西耶说："这是个数学的系统，它很丰富，将门开向神奇、开向数字的神奇世界。"

　　如果这个所谓神奇只是一种信念，是否对不相信的人来说，在建构理想建筑时比例就不占影响地位呢？当然不是。让人存疑的是：比例系统有用是由于其音乐或自然的类比，由于它们的年代或算术原理。

　　赞成比例系统的人常常夸大了他们的主张，使人怀疑整个论题。运用这些系统都有一个共通的、基本的理由：运用比例系统——任何比例系统——可予建筑物各部分以良好的关系，即使不那么明显，也仍然可以满足视觉需求，这是比例真正的价值，也是唯一的价值。它不具任何魔力，魔力只在人们对秩序的反应。哪个系统优于哪一个很难说，可以说用哪一个系统都没关系，只要它容许合理的变化，并且仍然易为人们察觉。除了相似、模矩之外，比例系统也是建筑师整理形的重要工具。

　　比例的可用性并非毫无限制，弗兰克·劳埃德·赖特在《论建筑》（*On Architecture*）一书中提到"比例本身没什么，只是一个和环境的关系，室内室外每一件东西都有影响。"这显然是赖特式的夸张法，因为比例本身确有某些价值。不过，赖特在这篇论述及其作品中确实掌握了一件重要的事：地方环境及特色和特殊机能一样，限制这些系统的价值。对芝加哥似乎合适的比例可能对威斯康星的山丘地来说就完全不对。

第四章　处所
Placement

每个人都不能过分强调每件事——意义、价值、个人行为是否适度或者原子的能量状态——均赖于自身与周遭的交互作用。

西里尔·斯坦利·史密斯，《科学、艺术及历史的结构层次》

（*Structural Hierarchy in Science, Art, and History*），

刊于朱迪丝·韦克斯勒主编的《论科学中的美学》

（*On Aesthetics in Science*）

建筑从来不处在真空里，它周遭的整体状况（context）会从各个方向触及它。甚至在它被创造出来之前，它的一切可能便已赖于复杂而具决定性的社会状况：它必须配合一般的分区管制法令及建筑规则，配合现行的贸易可行性及空间租赁市场，更配合社区的一般经济状况及业主的个人经济状况。当这些决定因素调整恰当之后，建筑师才可能考虑建筑物与其周遭实质环境的关系，而从艺术的角度来看，这才是建筑的起点。

最糟的是建筑物在基地上像个外来的、多余又不恰当的添加物；无关痛痒时它悄悄地融入周遭环境；最佳状况是，建筑使周遭具体地凝聚成一个场所，将有关地方特性的线索集理、编织成视觉焦点，建构新的真实（reality）。这些线索有些实质、有些抽象：包括了稍早建造的房子，房子间的过道、树木、矮丛、昆虫、景观、雾、嗅觉、温度、名称以及和那个

卡塞塔（Caserta）公园的岩穴，意大利：

景观元素也可以有建筑的力量及重要性。（摄影／图片联盟，罗马）

［左］救世主教堂，拉里贝拉（Lalibala），埃塞俄比亚；［上］石山圣堂的入口，康达（Kondane），印度：由山岩刻挖出来的构筑物，和周遭有超乎寻常的亲近关系。（摄影／［左］克里斯托弗·H. L. 欧文（Christopher H. L. Owen）；［上］R.K. 塞加尔（R.K. Sehgal），鸣谢印度考古调查（Archaeological Survey of India））

地方有关的记忆——在这栋建筑物建造之前，对这些线索也许掌握得相当模糊。

建筑物如何担负这种整理线索的工作呢？基本法则是：让它配合基地。方式很多，也并不都要求新房子屈从既有建筑。用挖空的方式创造建筑（不是用材料垒加组成房屋）是最亲密的配合方式，这项建筑技术今天已很少用。在埃塞俄比亚、土耳其、约旦、印度等地可以看到这类削岩而成的建筑。这类建筑和周遭的均质关系是其他传统构造方式办不到的，经过设计的凿山方式，让人更清楚：山是一整块大石头。

刻出来的建筑当然是例外，绝大部分建筑物仍是在地上"组装"起来的，而建筑物和地面的关系往往也就成为它们最特殊的地方：可能从土里直挺挺地升起，可能由台阶或平台层层而退，也可能放在平台上。看起来建筑物从地面往上长，其实必须从地下就开始，墙壁可能一直连到地面下的基脚，基脚则可能埋在冰冻线以下。这些复杂的东西总要建筑师伤脑筋，但是影响建筑物美学品质的不是这些基脚的处理方式，而是墙与地表的交接点。

这两种建筑技术——罕见的凿刻方式以及普通的建造方式——都可以组合自然造形及人工造形以制造戏剧性，人们也多半喜欢这种戏剧性。一栋新建筑老老实实告诉人家自己是新盖的，这挺合理，恰当地配合既有环境也并不是要房子看不见。

建筑要和周遭发生关联，总有机会创造一些所谓周遭，将本身及附加的部分伸展到周围景致里。平台、台阶、步道、车道，以及各种庭园，都可以调和建筑物与自然。露台、凉亭、植栽、假山和像墙似的树篱、方尖碑似的柏树……也可以软化建筑与庭园间生硬的差异。拿喷泉设计来说，虽然喷泉没有室内空间，对建筑师的设计技巧，仍是相当的挑战，而且它也和任何栖居构造一样，能够画龙点睛地活化周围的空间，有意味地和环境融成一体。意大利某些绝美的别墅（Villa，这个字指的是乡间住宅及其所有权），比方巴格内亚（Bagnaia）一地的兰特别墅（Villa Lante）、蒂沃

罗宾逊宅(Robinson house)厨房边的后院，马赛尔·布鲁尔设计，威廉斯敦(Williamstown)，马萨诸塞州：围绕后院的石墙成了建筑物与自然之间的中介物。(罗伯特·达莫拉 (Robert Damora)，鸣谢马赛尔·布鲁尔事务所 (Marcel Breuer Associates))

利（Tivoli）的德·艾斯特别墅（Villa d' Este）以及弗拉斯卡蒂（Frascati）的托洛尼亚别墅（Villa Torlonia），庭园景观实在远较建筑物有力。

〔目前实业界刻意地划分建筑师及景观建筑师，实在是最令人失望的事。同样的，刻意地划分建筑师与雕刻家、建筑师与室内设计师，搞得一个人很难既设计主体结构也设计周遭部分。好在还有些例外！〕

除非新房子盖在旷野或沙漠里，否则还有另一种方法——让新建筑和周遭的既有房舍建立某种关系，因为这些房舍对地方性格已经有了相当实

太阳神庙（the temple of Surya），莫德赫拉（Modhera），印度：精巧的砖砌平台，向前直抵人工湖旁，其在建筑上的重要性已可与大庙匹敌。（摄影／弗雷德里科·博罗梅奥）

质的影响。引用地域性的建筑传统，象征了连续而非断裂，熟悉而非陌生，并且由于这些传统是因当地气候及建筑条件而成长的，往往有其优点。查尔斯顿（Charleston）那里的住宅，边廊都放在西侧、南侧，提供遮阴、引进海风；新墨西哥的土坯砖房是为了隔绝剧烈温差；英格兰的房子，由于需要光线，开窗面积就比阳光普照的西班牙来得大。有些地域性的传统来自建材：美国从殖民时期开始，马萨诸塞州有用木材造建筑的传统，宾州是石头，乔治亚则是砖。

晓得这些传统当然重要，但建筑师万不可盲目模仿。今天在墨西哥没有厚墙，人们照样可以有效地控制温度；马萨诸塞州现在有木材，同样有砖。对优秀的建筑来说，依循两世纪前的限制而不顾当前实际状况，绝非明智之举。

除了和景观及周遭旧房舍的关系之外，建筑物还有受尺度影响的组织布局原则（compositional rules）。不单要建立建筑元素之间的关系、元素与整体的关系，还要建立新建筑与现有房舍、新建筑与整个都市形态的关系。反复、比例、辅助形等原则都很有用。鼓形的墙适合做个有圆顶的室内空间，也可以当成轴线上的焦点，或者在一系列曲线通路上当个合理的意外。

威尼斯的马达莱纳教堂（Chiesa delle Maddalena）采用圆筒外形，对沿水道曲进的景致而言，是颇为恰当的收束。（摄影／作者）

意大利山城特廖拉（Triora）（照片内左后）及安达哥尼亚（Andagna）（右前）：塔在山丘上是不是比在别处或者让山丘空着更好？（摄影／小诺曼·F.卡弗，美国建筑师协会会员）

　　不过，塑造一个恰当的场所（place）不只是形状的问题，还需要选择适当的尺寸、表面装修和适当的表情（attitudes）。所谓适当并不是非要和既有的东西一样不可，对比手法也同样容易创造出艺术性。如果能强化、彰显场所的重要性，制造有意义的对比对环境同样有贡献。面对这样的做法，我们要问：这样的组合是不是比原来各自的样子好？山丘上的塔是不是移往他处效果更好？或者该让小丘空着？这问题和两扇窗或两块花岗石是否放在一起一样。

问题很简单：眼前流行讲"文脉"（context），搞得大家喜欢把问题弄得过分复杂。耐心地调整新建筑去配合既有房舍——形式对形式、色彩对色彩、线角对线角（如果真的线角太贵，仿制的也可以）——有时候挺合理，但不会永远管用，甚至可能靠不住。处理都市里的房子尤其麻烦，因为我们刻意去配合的所谓"文脉"本身就不安定。

路德维希·密斯·凡德罗（Ludwig Mies van der Rohe）和菲利普·约翰逊（Philip Johnson）设计的西格拉姆大楼（Seagram Building）是我们这一代建筑美的极致，有时候大家把它想成只是个简单的方盒子，其实它的外形复杂些。东边突出一部分，刚好对着、也正好盖在部分低矮体量的建筑物上。这些低矮的房子是些不知名却值得尊重的新古典式建筑，和西格拉姆大楼构成一整个街区。现在，这些房子拆了，基地上有了更大体量的建筑物，原来小心翼翼的对应，一点意义也没有了！虽然如此，西格拉姆大楼的优点却丝毫无伤。我们可能一心注意配合而忽略了新建筑固有的美学品质。光是去配合周围的房舍成就不了艺术，西格拉姆之类优秀的作品有其独立、杰出的特性，即使周围房舍消失了，其优点仍然显而易见。

让建筑物和其所处文化及气候配合同样成就不了艺术，不管这样的配合在别的方面多管用。文化、气候是设计的决定因素，某些机能上的准则必须以它们为基础，却未必能当做美学准则。即使和这些决定因素配合得不好，建筑也很可能成为很有力的艺术。

印度旁遮普省（Punjab）的新都昌迪加尔（Chandigarh）计划时希望做个模范城市。此案除了柯布西耶之外，其他许多建筑师也卓有贡献，如，马修·诺维奇（Matthew Nowicki），时任迈尔与惠特尔西公司（Mayer &

Whittlesey）的顾问；马克斯·弗雷（Maxwell Fry）及伦敦的简·德鲁（Jane
Drew，此君让本方案的集合住宅大为增色，把柯布西耶找来参与这个方
案的也正是他）。然而，对某些人来说，昌迪加尔却是失望、迷惑之源
（可参见萨布哈什·查卡瓦尔提（Subhash Chakravarty）在《建筑加》杂志
（*Architecture Plus*）上发表的文章，或布伦特·布洛林（Brent Brolin）的文章），
但是柯布西耶设计的法院、秘书处、会议厅这三座颇富纪念性的建筑物，
却仍然是令人赞叹的建筑。房子的混凝土遮板是不是真的能吸收、辐射旁
遮普省的炎热？是不是和该地区的老房子神似？这些已经没有影响了！因
为这几栋建筑物具有某种罕见而更令人满意的特质，已超越了让人舒适或
反映传统。它们做了只有建筑才办得到的事：创造场所、赋予这座城市新
生活力的意象。对当地居民或从未去过的人都同样有影响力。会议厅顶上
巨大的截头圆锥是极其壮丽的，当我们看到它在意大利建筑师阿尔多·罗
西（Aldo Rossi）的作品里（穆吉奥市政厅（Muggio town hall）及摩德纳公
墓（Modena cemetry））反复出现时（我们猜是故意的，却也是严肃谨慎的），
立刻想到昌迪加尔，精神也随之升华。

假使尊重场所不是建筑所能达到的最高成就，我们也必须承认，如何
将建筑物安置在基地上及周围环境里，会影响建筑物的美学品质。前面说过，
对建筑来说，有效地处理建筑物和大地的关系是很基本的，如果这个关系
很糟的话，就不可能有让人满意的结果。此理延伸，建筑物和基地的整个
形态（自然的或人造的），有时候和整个城市、有时候甚至是和整个区域
的关系，尽管每种状况设计程序不一样，其中都可能隐含了美学内容。

只是，建筑的角色并不都是去配合，反而往往是引入新的元素以转化
既有基地。环境方面的角色是建筑的重要机能，远超乎建筑外壳、小尺度
艺术办不到的机能。其实，从纪念性上讲建筑在美学上要成功，主要即看
它是否能担负如是的机能：成为环境中重要的新的一员。当然，我们这里
指的不是任何实质的机能，而是较难度量的，整理环境的线索、塑造空间、

加州的"海岸牧场"（Sea Ranch）共有宅舍（condominium），由查尔斯·摩尔（Charles Moore）、唐林·林登（Donlyn Lyndon）、威廉·特恩布尔（William Turnbull）及理查德·惠特克（Richard Whitaker）所设计："物自身与周遭的交互作用"。（摄影／杰拉尔德·艾伦）

界定性格之类的机能。

　　建筑更实用、更独立的机能呢？它们是不是也会有美学的意蕴？答案并不像多数"机能主义者"让人以为的那么清楚、肯定。

第五章　机能
Function

建筑的目标在创造完美，也就是在创造最美的效益。

　　布鲁诺·陶特（Bruno Taut），《现代建筑》（*Modern Architecture*）

但更有力的说法是：建筑留存下来因为它是艺术，因为它超越实用。

　　吉奥·庞蒂（Gio Ponti），《赞美建筑》（*In Praise of Architecture*）

连三问：

　　1. 布鲁内列斯基在佛罗伦萨设计的弃儿医院，是意大利文艺复兴时期最早、也最具示范性的建筑之一。医院大体于 1427 年完成，却直到 1445 年 1 月 25 日才告竣、正式开放，而到 2 月 5 日，有人把弃儿丢在那儿，它才真正开始担任收养幼儿的功能。这三个日期，从哪一天开始，人们觉得这栋建筑物美？

　　2. 罗马废墟堆里有个图拉真（Trajan）时期盖的市场，三个相同的穹窿挨在一起。现在其中一个是商店，卖明信片、幻灯片、书本，功能与原来的使用很接近；另一个则功能迥异，是博物馆的展览空间；第三个，可能是结构上有缺失，因而没有使用。哪一个在美感上最让人愉快？

　　3. 17 世纪时，教皇乌尔班八世（Pope Urban Ⅷ）把万神殿上的大理石

开罗大城堡（Citadel）的木造亭子：
挡不了什么雨水（虽然位于降雨绝少的地方）或阳光。小亭子的主要功能是在偌长的城墙里塑造一个可见的主题，建立一个虽小却特别的环境。（摄影／作者）

面材及青铜制品剥了下来，此举并未影响该建筑物的使用，但它的外观是不是变了？

无聊的问题！不过和绝大多数企图把美学价值和枝节的机能连在一起的理论比起来，就不见得无聊了！这类理论可略分为二：头一类我们引德国表现主义建筑师布鲁诺·陶特的说法，认为建筑物满足了机能才美；第二类认为，机能无法完善发挥的建筑物不可能美。这两类看法又暗含了第三类意见，认为由于造形伴随机能而生，建筑师不该把主要精力放在造形上。建筑必须是门应用艺术（不是纯艺术）。只要我们谈到建筑物时问"管用吗（Does it work）？"，反映的就是这种看法，很可能还假设自己问的是美感问题。谈绘画、雕塑或音乐时，我们绝不会问这个问题，除非利用这些艺术做宣传。沃尔特·格罗皮乌斯（Walter Gropius）说："任何设计的入手方式——椅子、房子、整个城镇或是区域性的计划——基本上是一样的。"这个态度底下同样潜藏了上述的观念。

但是，如果认为建筑是门有力的艺术，远异于家具的话，我们其实无法像设计椅子一样设计建筑物。我们不认为建筑低于任何纯艺术，也知道，建筑甚至不一定要满足什么机能。密斯·凡德罗的巴塞罗那馆，为 1929 年的展览而造，之后就拆了（现已重建），除了让人在细心配置的大片玻璃、大理石、玛瑙之间沉思、漫步之外，原本就不打算有什么实用或者复杂的机能。但该馆强而有力的概念却成了 20 世纪建筑最强的原型。

建筑的机能也并非一直不变。市政厅变成银行、酒厂变音乐厅、消防站变成艺廊，都不影响之后建筑的美学品质，某些让人赞叹的古迹甚至不知道是做什么用的。

托马斯·杰斐逊（Thomas Jefferson）的圆厅（rotunda）虽然当做图书馆及行政中心多年，依然安全如初，有如杰氏弗吉尼亚大学建筑构成里的拱心石。弗校建筑系副教授托马斯·舒马赫（Thomas Schumacher）说过1976 年该建筑复原时的故事——有位教授问守卫，觉得这栋建筑物复原后

阿波罗 12 号宇宙飞船：设计精巧、高度机能的环境，管用当然不在话下，但是没有人会把它误看成建筑。（摄影／美国国家航空航天局）

该做什么用，他说："我不知道！我猜会当圆厅用。"

　　但是机能主义的观点一直存在，我们也不能忽视。爱德华·罗伯特·德·祖克（Edward Robert De Zurko）所著《机能主义理论之源》（*Origins of Functionalist Theory*）将机能主义理论从古至今编年式地整理追索，发现这些理论都以三类类比为基础。这和英国批评家杰弗里·斯科特（Geoffrey Scott，杰弗里·斯科特是《包斯威尔报》（*Boswell's papers*，詹姆斯·包斯威尔（James Boswell），苏格兰作家，曾创办多家报纸）的编辑）在《人文主义建筑学》（*The Architecture of Humanism*）一书中提出的四种"谬见"（fallacies）当中的三个很像。用斯科特的说法，分别是机械的类比、伦理的类比以及生物的类比。

现代建筑最常用的口头禅就是机械的类比，按柯布西耶的话说就是"房子是供居住的机器"。早在工业革命让人们一股脑地崇拜机械之前，1725年弗朗西斯·哈奇森（Francis Hutcheson）在格拉斯哥大学教伦理学的时候就提到，机械不但帮人省力也让人更聪明，而机械运作里就有美感。

伦理类比的历史更长，苏格拉底（Socrates）认为美与实用（usefulness）有关，也认为实用与善（good，goodness）有关。色诺芬（Xenophon）的《回忆与经济学》（*Memorabilia and Oeconomicus*）一书（E.C. 默钱特（E.C. Marchant））翻译）里有这么一段：

"苏格拉底：你是不是认为善是一件事，美又是一件事？你难道不知道，一切事物都是既美且善，因为它们关涉相同的事？

阿瑞斯提普斯（Aristippus）：这样讲是不是粪篮也美？

苏格拉底：当然，只要它做得好，确实管用。金盾如果不实用，当然丑了！"

柏拉图（Plato）的见解也差不多。后人如亚历山大·蒲柏（Alexander Pope）曾批评18世纪初的新帕拉迪奥式住宅，他提醒柏林顿勋爵（Lord Burlington）：

"真的有价值的是实用，华丽的光芒却是跟感官借来的。（'Tis use alone that justifies expense, And splendour borrows all her rays from sense.）

"现代教皇"安东尼·艾希礼·库珀（Anthony Ashley Cooper），即第一代沙夫茨伯里伯爵，更认为培养艺术欣赏能力是道德发展的准备工作。

生物的类比或许不那么直接，斯科特认为将进化、成熟、衰败等自然现象误用在建筑上是"生物学的谬见"。爱德华·罗伯特·德·祖克描述的机能主义理论，其中重要的一支，凭藉的是另一种生物式类比。这一支颇受早期现代主义人士的赞赏，对赖特来说，最好的建筑作品是单独的有机体，各个部分按需要以特定的运作方式联结在一起，早期现代主义伟大的口号"形式追随机能"当然也经过美国建筑师路易斯·沙利文（Louis Sullivan）的批准，工业革命所带来的视觉震撼及其之后的发展，有力地支持了这个看法。

但是，1948年马赛尔·布鲁尔在一次演讲里特别提到"沙利文烹调出机能主义，却没有趁热吃"（Sullivan did not eat his functionalism as hot as he cooked it.），密斯·凡德罗也说他不要吃。1952年，《建筑论坛》杂志引他的话："我们做的是另一套，和形式追随机能相反，我们做出一个实际而让人满意的外形，然后将机能填入。现在盖房子这样最实际，因为绝大多数建筑物的机能一直在变，而从经济观点来看建筑物却不能变。"约翰·拉

佛罗里达州萨拉索塔城（Sarasota）哈丁环路（Harding Circle）上的双头柱：以照明设施言，看起来不实用，实在不讨人喜欢，底座和上头的小灯比起来大得离谱。（摄影／作者）

斯金甚至反机能主义到了极点，他说："世界上最美的东西，就是孔雀、莲花之类最没用的东西。"

否定机能对美学价值的影响，其实是把问题过度简化。建筑不只是机能与艺术的组合，而是如伦敦伯贝克学院（Birkbeck College）哲学教授罗杰·斯克鲁顿（Roger Scruton）在《建筑美学》（*The Aesthetics of Architecture*）一书中所说的是两者的化合。究竟机能方面的事情如何影响我们的美学判断呢？

首先，人喜欢看东西动（电车、马戏表演、印刷机、让·丁格利（Jean Tinguely）及亚历山大·柯尔达（Alexander Calder）的雕塑）；其次，如果觉得东西动得很顺，人们便会高兴。这两种倾向结合，所以人很自然地喜欢他认为会运转得顺的东西。赫瑞斯·卡伦（Horace Kallen）在《艺术与自由》（*Art and Freedom*）一书中指出"腰细的马比较帅，跑得也比较快"，可是细腰的马未必真地跑得比较快；我们还没看到它跑便觉得它帅。此类对机能的心理预期系由康德（Immanuel Kant）所说的目的论思考方式而来，人有感知事物目的的能力，好比看到鸟的翅膀便想到飞，建筑美感的核心就是这种思考。建筑物运作良好诚值嘉许，但我们不会因为它运作良好而赞之为艺术。真正提供美学愉悦的是：看起来好像会运作良好。

〔菲利普·约翰逊就曾说，来访者没坐下看看就断定密斯·凡德罗客厅里的家具是否舒适。如果他们觉得巴塞罗那椅很帅，则多半会认为它舒适，反之亦然。〕

即使建筑师做设计时，脑子里装的全是机能，他也只能做出似乎是最完善的东西来，要做到机能的完美配合，建筑师需要对现在及未来无所不知。设计方法学家戴维·维克多·坎特（David Victor Canter）在英国的《建筑师杂志》（*Architects' Journal*）里曾写过，"房子的设计……通常都是配合将来的使用、活动做恰当的安排。个人概念里的恰当安排和他认为谁会在里头做什么有关。可能和实际活动或理想状况毫无关系……换言之，业

位于萨迦拉索斯（Sagalassos）的罗马剧场：
视听的要求片面地决定了造形。（摄影／图片联盟，罗马）

主的满意程度多半要看建筑师对心理的洞察能力，而不在'纲要'（brief）
多理想。"

假设一栋建筑物看起来纯粹只有机能，我们有权期望建筑在程度及方式上像个好的烤面包机、好的吹风机、好的打字机，或者别的工业产品。在工业设计原则要求下，工具和产品不但要能配合目的，配合的情形还要明白。亦即物品不但要能用，操作方式还须清楚（哪里投币，如何握持把手，如何启动引擎，香烟从哪里出来……）。

告诉人怎么用建筑比告诉他怎么用机器复杂，要说服人某某建筑运作良好也一样复杂。因为绝大部分机器担负单一的机能，建筑却必须有多方的机能。从最基本的开始，遮蔽的功能、特定活动间的调配、机械功能、音响（某些建筑类型）、结构功能、构造功能，以及在环境中该负起的功能。起码结构、构造两方面我们该留心。

火奴鲁鲁的布朗利宅（Brownlee house），温伯利、威斯南德、埃里森、汤及顾设计公司（Wimberly, Whisenand, Allison, Tong and Goo）设计。（摄影／温伯利、威斯南德、埃里森、汤及顾设计公司）

位于甲府市的山梨出版广播中心，丹下健三设计（摄影／荒井正雄，日本建筑师株式会社）：视觉性地展示结构功能。

结构是建筑的基本功能，建筑物因为抵抗地心引力而来的许许多多可能性——前文已经谈过，这些结构上的处理如果视觉化地展现出来，很可能令人颤栗。美国艺术史家埃尔温·潘诺夫斯基（Erwin Panofsky）在《经院哲学与哥特建筑》（*Scholasticism and Gothic Architecture*）里以极动人的句子，说明哥特建筑如何让人产生这种颤栗的感觉。他说："最后，飞扶壁开始说话，拱筋开始动作，两者都以超出纯效用目的的更为详尽、准确而华丽的语言，告诉旁人他们在做什么。"

建筑物支撑自己及里头的东西，这个基本动作往往是值得庆贺的结构姿势。建筑物一旦大起来，这就不是件简单的小事了，但是像罕见的运动姿态或舞步等不那么典型的姿势，却更有戏剧性。悬臂就是这样的姿势，

西班牙昆卡某宅：底下的山岩夸大了悬臂结构的戏剧性。
（摄影／小诺曼·F. 卡弗，美国建筑师协会会员）

阿伯纳·普拉特（Abner Pratt）1860 年设计的"火奴鲁鲁宅"（Honolulu House），马绍尔（Marshall），密歇根：镂花的斜撑变成门廊屋顶及柱子之间的必要连接件，但结构或构造上它们并非绝对必要的东西。（摄影／巴尔萨泽·科拉）

其实对梁的荷重来说，它是合理而有效的解决方式，不过这种解决方式却把建筑荷重突出在垂直支承之外。如果建筑的支撑点像西班牙昆卡（Cuenca）某栋住宅（挺意外的，现在改成了博物馆）那样立在悬崖边上，就相当壮观了！

特别高的建筑则是另一种不寻常的结构姿态，可以把它当成垂直的悬臂，重点不在抵抗重力，而是在抵抗高处的风力及和大地有关的力量，像激流中不动的桨。让人意外的悬挑或垂直伸展，是建筑师表达动人结构姿态最简单的语汇。此外还有巨大的拱、穹窿、圆顶，复杂的桁架、斜撑及飞扶壁……而每种结构语言都有恰当或不恰当的造形宣示其用途。

结构上，建筑物立起来了才算数；美学上，则要能表现才算数，即使古希腊建筑展现完美的结构，凭藉的也并不是结构精准或留有余裕。19世纪观察家约瑟夫·格威尔特（Joseph Gwilt）详究希腊庙宇的设计原则发现，"任何支承上的负荷量都不该超过支承本身"。但是这并不是什么严格的结构原理，里斯·卡彭特认为，虽然希腊庙宇里"没有和结构不相干的东西，却也没有结构上的创见或表现"；希腊建筑从未企图超越材料的结构限度。

在随后的年代里，某些来自结构的愉悦更是和结构无关的东西，美国维多利亚住宅上细巧弯转的斜撑就是这样的例子。这些斜撑表明了外廊屋顶和支柱之间需要转接，但是这些斜撑并不就是转接构件，把它拿掉，这些住宅变得不那么有趣、不那么有表现力，也不那么艺术！可是屋顶并不会掉下来。

而现在，我们可以看到 S.O.M. 设计公司（Skidmore，Owings & Merrill）设计的芝加哥约翰·汉考克大厦（John Hancock），大楼上许多醒目的交叉斜撑，让人觉得建筑物在抵抗自然的力量，除非和汉考克大楼的结构工程师（已故的法茨拉·拉赫曼·汗（Fazlur Rahman Khan））一起工作、掌握这些结构资料，否则我们根本无法知道是不是每一根斜撑都像看起来一样有用。不过没关系，光是外表就够了，会破坏美感的是看起来没力的元件，

S.O.M. 设计的约翰·汉考克大厦，芝加哥：是不是每支看起来管用的斜撑都真的管用？不知道，但整个外观确实让人满意。（摄影／比尔·恩达尔（Bill Engdahl）、赫德里奇 – 布里斯英建筑摄影公司（Hedrich–Blessing））

二次大战期间的"海上堡垒"：可想而知，上头的居住单元和底下细长的腿接起来安全上没问题，但是这样接却使人看起来不放心。（摄影／伦敦皇家战争博物馆）

和它实际的强度无关。

　　某些工业及军事设施更展现特殊的结构优点。常识告诉我们，就工程而言它们很合理，从设计来看就不一定。以二次大战期间英国的"海上堡垒"（sea forts）为例，纺锤状的细腿支撑着居住单元伸出海面；当然单元和腿之间一定有安全的连结件，但是接法却很笨。我们不必担心结构破坏，但是这样子结合顶部和底部却极不恰当，整个来看这玩意儿就根本不可能和艺术沾上边了。

　　艺术家可以把结构上明显的不稳定做成有价值的东西，1924 年李席斯基（El Lissitzky）及马特·斯塔姆（Mart Stam）所提的"云撑"（Cloud Props）方案便沉迷于将大片的活动楼层悬挑出细小的底座。这方案要真的实现，一定会让人担心它是否安全，但是我们却多半仍喜欢他们那种艺术性的夸张。

　　构造机能主义和结构机能主义一样，只不过重点在于以组合方式构成建筑的元素，而不在连结它们的元素，对老房子而言，是同样的元素，现在就不一定了。不过，对设计来说，能有机会表现的还是特殊的元素。1952 年亨利－拉塞尔·希契科克（Henry-Russell Hitchcock）和菲利普·约翰逊在《我们看到的房子》（*The Buildings We See*）一书中讨论埃罗·沙里宁（Eero Saarinen）设计的通用动力公司技术中心时，写道："工业性建筑往往都会这样，单元的机能越特别，就越能有趣味十足的单元让建筑

李席斯基及马特·斯塔姆为莫斯科设计的"云撑"方案（绘于照片上）：究竟盖起来安全不安全不知道，但整个方案看起来大胆而有说服力。

罗马水道桥，塞哥维亚（Segovia）：
部件的组成方式成为建筑艺术价值的中心。（摄影／赫伯特·贝克哈德（Herbert Beckhard））

师做视觉组织。因此，这些测试引擎的建筑单元，两旁配上成双的圆堆，成了最具个人特色及高建筑品质的建筑。"不光工业性建筑如此，也不是在缺乏建筑风格、急于建立相当复杂度的环境才如此，正如柯布西耶 1938年在一篇题为《如果我必须告诉你什么是建筑》（*If I Had to Teach You Architecture*）的文章里所说"……问题愈单纯（modest），你就要愈有想象力"。

　　不过，单纯的构造问题还是可以制造戏剧效果的。不管建筑物采用什么形式，没有哪栋房子是单独一块石头做的，建筑师需要花相当大的心力把构成部分配组起来，配组方式可以轻松简单，也可以感性而深刻。最好的是，建筑师表达出对不同接头及材料本质的敏锐感知。英国艺评家阿德里安·斯托克斯（Adrian Stokes）在《里米尼之石》（*Stones of Rimini*）一书中把石灰石想象成幽深的生命幻想曲；威尼斯圣马可广场前有圈回廊，约翰·拉斯金对这些材料的反应就更有名了：

"廊周围的墙上有各色的石柱，杂色石、不透明的假宝石和斑岩，上头装点了弯弯曲曲的墨绿色和层层雪片。还有大理石，对阳光半迎半拒——阴影（轻抚石墙的绽蓝之幕）像埃及艳后一样，抹去了柱子的背景：一线一线地透露起伏的天蓝色，像退离沙岸的海潮……墙上头是宽广的穹窿及装饰，一系列语言，一系列生命……再上头，晶莹的尖塔配上白色的拱边和大红的花——喜悦、迷惑……直到最后，近乎狂喜，拱顶碎成大理石泡沫，将自己抛掷在碧空里变成光彩与花冠雕成的浪花，像利多海岸（Lido shore）的浪在落下之前被凝冻住了似的，浪里的女神也在上头放了珊瑚和紫水晶。"

很少建筑师能像斯托克斯和约翰·拉斯金这样表达自己的想法，但绝大部分的建筑师都曾经这样想象过材料及构造。这种想象的基础在于有关材料来源、材料强度和材料抗雨、尘、磨损、涂刷、刻凿的知识，以及人们手触材料的感觉。建筑的触觉经验非常重要，不容忽视。

不管建筑有什么价值，当做材料处理的范例、景观中的标记、支承或围墙；不管这些机能有什么美学意蕴，我们都必须记住：只要建筑存在，我们就可以直接从脑海里抽引出美学反应，和上面那些机能没有关系。这个角色并不是要反机能，而是另一种机能，并且是重要的机能，除非有心理活动，否则我们无法掌握上述任何价值或机能。叔本华说："世界只是人理念的表征。易言之，都涉及其他的事物，即它所代表的事物……（The world is my idea...only as a representation, in other words, only in reference to another thing, namely that which represents...）"也就是我们自己。建筑，乃至整个世界，对每个人来说，都是我们自己的建构物（our own construction）。

第六章　感知

Perception

任何美都和知觉它的人，和他的感知力有关。

　　弗朗西斯·哈奇森，《道德哲学体系》（*System of Moral Philosophy*）

尽管建筑艺术的许多层面相当主观，"感知"一栋建筑物却是我们生物性的一部分，因而也是科学的部分。我们可能因而认定感知动作是不变的事实，以为人对它的了解会变，它本身不变，其实不尽然。虽然人的眼睛结构和脑部容量不变，人自我利用的方式却变了许多，而这样的变动会在人的感知机制上涂上色彩。

　　很久很久以前，人发生了根本的转变，由野蛮变文明，从注意周围的空间到同时注意时间，所以能够以新的方式看空间；而后人从视自己为宇宙当然的静态中心变到注意自己，正如德日进（Pierre Teilhard de Chardin）说的"把自己当成中轴，当成进化的主体，而且是比旁的事物好很多的东西。"之后，到了近代，注意的焦点由外在的事物转向自己对这些事物的感受。查尔斯·纽曼（Charles Newman）在齐奥朗（Emil Mihai Cioran）所著《坠入时间》（*The Fall Into Time*）一书的评介里提到文艺复兴以来，对世界逐渐地"反觉察"（disrealization），反觉察是自然与艺术之间，人类自身理

哈德良别墅（Hadrian's Villa），蒂沃利：虽有残缺却依然美。（摄影／作者）

性的仲裁。所以经过最近这次转变，人关心自己，我们享受到对个人意识及自主反应的尊重。但是，有时候人也会被自己身体的这些运作所迷惑，因为无论多么个人化，它们不受意志控制。视感知就是这样的东西，与人如何利用视觉的结果无关。

掌握一栋建筑物或其他几何物体的特征时，我们多以两种方式编辑接收到的信息（这样讲当然过分简化，却可能挺管用）。第一种方式是一连串的生理活动，是我们对物体折射光的反应：人眼的接收器（柱状细胞及锥状细胞）因光的刺激而放出离子，将单一"生物电信号"（bioelectric signal）由视神经传至大脑中的两个区域：绉状皮质及上视丘。这两个区域便分析所见物体的位置、形状及动态，透过神经细胞的电子活动，将这些信息传到大脑的其他部分。

看起来全是自动的，但是这种收集信息的方式并不简单。这不像打开相机快门那样，只是单一的动作，而是对焦、再对焦……一系列相关的动作，且都必须练习控制细微的眼部肌肉。所以有些物体看起来比较吃力，有些则"看起来轻松"（easy on the eyes）——正如柯布西耶所说"因为可以清楚欣赏，所以美"的基本形态。任何一个可度量的物体——不光是一个点——都非一目了然，而是一系列肌肉运动感觉的结果。平面艺术的确如此，我们的眼睛沿着一条线或一张画打量，扩大到建筑仍是如此，而对建筑我们几乎总是用眼睛四处打量，甚至看穿了之后才能完全地觉察。

第二种收集信息的方式可能在第一种方式结束之前就发生了，除非不看其他的建筑物，否则某些信息往往会放在其他的脑细胞里等着我们。这些是一般性的信息，可以将它跟其他建筑物比较：建筑物的大小、形状、地点、目的；以及其他较次要的资料：造价、建造人、建筑师、经销商、邻居，或者咱们的老祖母曾经住过某栋房子跟它很像……

头一种感知方式（对所见建筑物的自动反应）是人美感回应的基础；第二种方式，较次要，依状况修正、补充前项回应。我们不可能要大脑筛检掉第二种信息，即使可能也很蠢，因为即使收集信息时不但储存了偶发的事实，同时伴随了当时个人的情绪、偏见及意向，某些补充对粗糙的事实仍有助益。正如 1975 年美国建筑师协会集会时，美国神经生理学家海因茨·冯·福斯特博士（Dr. Heinz von Foerster）所指出的，"感官不会告诉你引导它们运作的生理活动，它们只报告量，不报告质，究竟是什么触动了感觉神经，中枢神经系统接收不到这样的线索。"因此，我们需要第二种信息来解释第一种信息。正如康德在《纯理性批判》（*The Critique of Pure Reason*）一书中所写的，"感官无法思考，理解无法看。只有两者联合才可能产生知识。"

即使如此，要对建筑做最佳的评价、鉴赏，仍得小心，别让视觉证据被非视觉的资料给模糊掉。眼睛告诉我们建筑的各种情况绝不会是事实的全貌，但却是极重要的部分，即使像托马斯·杰斐逊这样敏锐的观察者也会对其年轻时弗吉尼亚的地方特性视而不见，只因为他希望代以异样的、较"流行"的风格。关于威廉斯堡（Williamsburg，弗吉尼亚东南部的城镇，美国殖民时代的首府）的私宅（现在是许多人朝圣的地方），他曾写道："怎么设计都不可能比它丑、比它不舒适，以及……好在……容易坏"。威廉玛丽学院（William and Mary College）及附近的精神病医院在他来看是"粗率、形态错误的一堆东西，要不是有屋顶，准被人当成砖窑"。而对一般美国殖民建筑，他则认为"我们看不到这门艺术的首要原则，周遭实在找不到纯净的例子让我们对这些原则有点概念"。当然，威廉斯堡从托马斯·杰斐逊的年代到现在变了许多，格洛斯特公爵街（the Duke of Gloucester Street）敷上了铺面，街上也不再有猪只游逛。但是我们也变了！今天，面对这些建筑物，我们很容易被相反的理由、相反的效果所蒙蔽，只因为我们热切地关注这些房子的风格准确性，也因为对我们而言，它们实在太迷人了！

有个方式可以对视觉事实做此类心理上的补充，当我们见到的形态不很简单时，我们会寻找某些基本的、简单的关系，比如不明显的对称。从大门外看柏林顿勋爵的奇斯威克住宅（Chiswick House），可以看到房子的主体部分和右边（不是左边）的亭子，所以整个形体不怎么对称，但是非常接近，而我们脑海里的印象却是对称的。另一个状况，比方阿尔伯蒂在佛罗伦萨的鲁切拉宫（Palazzo Ruccellai），我们只见到一部分便想象到了整体。这些感知补充的方式帮了艺术的忙：找寻构成上的逻辑（compositional logic）。

这个时候，建筑师可能让构成脱离逻辑形式，好帮我们找到这些逻辑！让人感觉有点矛盾。由于人的视高远低于庙宇的顶部，建筑师可能将上头的额盘略向前倾，不至于让人发现它向前倾，却帮我们清楚地看到建筑物的整个大小。希腊庙宇做了许多"精炼"（refinement）处理，其中一种解

奇斯威克住宅，伦敦：虽然右边有个亭子，左边没东西和它对应，人们的印象却是完全对称的正面。（摄影／作者）

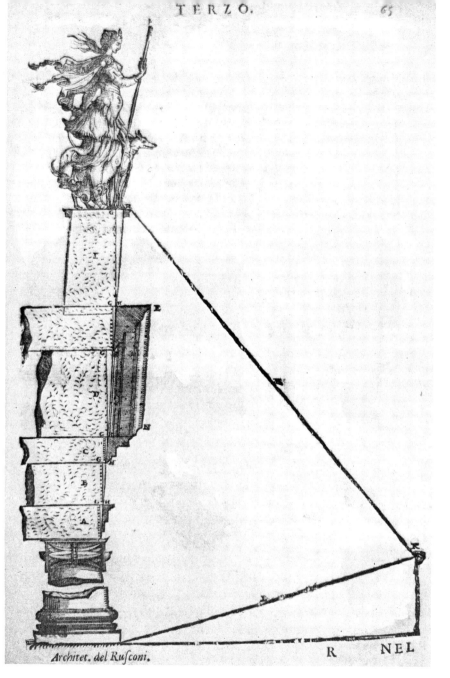

Architet. del Rusconi.

摘自乔瓦尼·安东尼·卢斯科尼的《建筑》（ dell' Architettura ），额盘微向前倾，好让人们在视线高度掌握到它的实际大小。（鸣谢罗马的美国学院）

赖特的古根汉姆美术馆：一个绝佳的舞台可以从许多有利的位置观察人们在空间里的活动。（罗伯特·E. 梅兹（Robert E. Mates），鸣谢古根汉姆美术馆）

释（不是唯一解释）是希望修正因为规整的间距、统一的柱身收束及水平的面而引起的视觉误差。另一种解释是，这些处理的目的在暗示某种拟人的力量在对抗房屋的重量，例如，上推的台基（stylobate），或者柱头上隐指肌肉的外突收分曲线。不管哪一种解释比较接近希腊建筑师的企图，亦或两者都接近，最后，建筑因为这些不规则性而更丰富，因而更有效地控制了我们的感知。

当我们致力寻求完整、逻辑的形式时，这些不规则性避免让我们太轻易就达到目的，的确有其价值。德斯蒙德·约翰·莫里斯（Desmond John Morris）在《人类动物园》（*The Human Zoo*）一书里曾描述过，人为确保自身在所处环境中全面发展，需要不同的刺激——不只是轻松的答案。蒙特娄大学数年前的研究也显示，不管是过度刺激或刺激不足都可能对中枢神经系统造成伤害。

不过，建筑不只是让我们感知的物体，它也是我们感知其他物体的舞台，这些物体可能是小件的艺术品、舞蹈、歌剧，或是礼拜仪式，视建筑类型而异。此外，建筑永远是我们觉察其他人的舞台，不受建筑类型影响。我们喜欢看（起码想象）不同空间里的人，能从各个角度看人的建筑物，便能有更多的趣味。大空间，无论室内或室外，能让我们远距离看人；小空间则促使人们亲近；垂直的坑让我们可以由上向下看人；坡道及楼梯则让人们在画面的对角方向移动。姑不论赖特古根汉姆美术馆（Guggenheim Museum）展画方式之优劣，这栋建筑确实提供了绝佳的建筑经验，有多种迷人的方式让人从上、下，或横过回旋的廊看人。

展示人体是建筑趣味的永恒泉源之一，我们对自己身体的好奇是贪得无厌的，更以身体去度量建筑：我们以自己为参考点去掌握建筑的大小及特征。查尔斯·摩尔和杰拉尔德·艾伦（Gerald Allen）这两位建筑师在所著《维度》（Dimensions）一书中，特别澄清尺度（scale）这个含混得有点麻烦的词，建筑师常用尺度来描述建筑物的大小，艾伦负责的某章里特别解释，尺度只是"相对大小"（relative size）。或许相对一词根本就是多余的，因为我们对大小的感知总相对于其他的事物——旁边的建筑物、建筑元素，更基本的，相对于人的身体。如果我们和来自宇宙其他地域的"人"做朋友，或者碰上了他们留下来的建筑，便有这么个问题要克服：彼此身躯大小的关系。由于我们的美感判断标准是以自己身体的大小为基础，便免不了视他们为丑了！

建筑是一个可感知的物体，是其他可触、可知实体的舞台，更是我们自己行游的场所，它同时也是我们掌握无形信息的媒介。因此，我们放下偏重机械性感知的视觉现象，面对更复杂的感知课题：意义。

第七章 建筑的意义
The Meaning of Architecture

从纯艺术的角度来看，建筑和表现艺术无关，盖房子为的不是诉说关于这个
世界、人性或神学的故事。

拉塞尔·斯特吉斯（Russell Sturgis），刊于 1890 年的《美国建筑师及建筑新闻》
（*American Architect and Building News*）

但是，

艺术总是一种象征性的对话，一旦没有象征，也就没有了对话，也就没有艺术。

赫伯特·瑞德，《艺术中的造形起源》（*The Origins of Form in Art*）一书中的
《现代艺术中的造形分解》（*The Disintegration of Form in Modern* Art）

建筑既属于这世界，也诉说关于世界的种种（Architecture is both of the
world and about the world.），它绝不会只是单纯的存在，它能沟通、
有内容，也会传输信息。这些信息中最明显的是所谓的指示性（denotative）
信息，明确而特定。今天，完全以这种方式传递信息而又最为人熟知的例子，
可能就是长岛东端的小摊子，先是出现在彼得·布莱克（Peter Blake）写的
《上帝自己的破烂堆》（*God's Own Junkyard*）里，之后因罗伯特·文丘里
（Robert Venturi）、丹尼斯·斯科特·布朗（Denise Scott Brown）和史蒂文·艾
泽努尔（Steven Izenour）等人所著的《向拉斯维加斯学习》（*Learning from
Las Vegas*）而广为众知。那是个卖鸭肉和鸭蛋的摊子，外形就像只鸭子。

嵌在墙里的纸草柱，塞加拉（Sakkara，埃及北部村庄）：
这些以石头仿植物造形的柱子，简单而真实，身子和纸草一样，断面呈三角形，离地后略
鼓胀，接着幽雅地向上收束到扇状展开的柱头。（摄影／作者）

指示性意义不会都这么容易了解，美国南部有些加油站曾经设计得很像冰山，却不知道为什么。指示性意义也未必都是刻意的，建筑评论最低层的形式（有时候也挺好玩的）就是责怪某栋建筑物看起来像别的东西。比如，爱德华·德雷尔·斯通（Edward Durrell Stone）在纽约的哥伦布转盘（Columbus Circle）设计过一栋博物馆，因为边缘上有些圆孔，人们可能会把它当成一张打了装订孔的纸。当《英国皇家建筑师协会杂志》（*Journal of the Royal Institute of British Architects*）以柯布西耶的拉图雷特修道院（La Tourette monastery）当封面时（当时正在施工），不欣赏的读者反映说："它看起来如工程师替煤厂设计的煤矿分理槽。"不过，似乎不必对"看起来如……"这个游戏太认真。

中世纪的大教堂上非常严肃地搜集了类似的信息，对不识字的公众来

修道院教堂（Duomo）的柱头，蒙雷阿莱（Monreale），西西里：
建筑在此成了表述圣经故事的框架。（摄影／图片联盟，罗马）

说，大教堂代替了圣经，因此上头布满了诉说圣经故事的艺术品。尽管其中某些作品是我们赞赏的雕塑、嵌石画或彩绘玻璃，但是中世纪建筑最珍贵的却是另一种特质，完全和上头这些小故事无关。

当然，整个大教堂本身就具有明显的指示性意义，可视之为化作"石头的教诲"（sermon in stone）。就大教堂和城市的关系而言，它通常都大得足以将教诲传到每栋房子，甚至传至郊外。不管是口头的教诲或石头的教诲，都不是艺术，而是口号；两者可能并存，但从不接触。约翰·济慈（John Keats）说："我们憎恶那些算计我们的诗（We hate poetry that has a palpable design upon us.）。"

同样地，我们懂得欣赏朱塞普·特拉尼（Giuseppe Terragni）设计的法西奥大楼（Casa del Fascio），把它当成三维的构成，每个面都暗示后头的空间。这样的欣赏和是否同情里头的法西斯党没什么关系。能够清楚辨识的建筑类型——教堂也好，政党总部也罢——从艺术的角度来看不一定成功；是不是能建立属于"世界、人性或宗教"的什么，就更不得而知了。甚至可以说，除非我们闭上眼睛不看建筑物的指示性意义，否则无法视之为具有艺术性的作品。据说吉尔伯特·吉斯·切斯特顿（Gilbert Keith Chesterton）看到纽约百老汇明亮的天幕、耀眼的霓虹灯时赞叹道："哇，如果我们不识字的话，这真是天堂！"

对中世纪教堂的评价其实都与更细腻、更富内涵的意义有关，其中主要是一些和教堂的卓越构造及结构方式有关的信息。大教堂——用高筑的石墙包覆一个高得不得了的空体（void），这些墙只由外头支撑，墙上打洞采光——有事要办，这些要办的事便自然地成了它的基本特性。

不同的建筑物其主要意义便可能涉及不同种类的结构、建筑性质、比例的准确性、对细部的关注程度，或者恰当地使用材料等问题。就某个程度而言，建筑材料及技术不只是达到实用目的的方法，它们本身就是目的。路易斯·沙利文认为，建筑师的工作是"让建筑材料活起来，用思想、情

IBM 总部，拉戈代（Le Gaude），法国。马赛尔·布鲁尔及罗伯特·加特耶（Robert Gatje）设计：和里面工作的人比起来，显得生气勃勃。（罗伯特·摩塔（Robert Mottar），鸣谢马赛尔·布鲁尔设计公司）

詹姆斯·瑟伯（James Thurber）所画的"家"（Home）："建筑这一行就是要建立情感上的联系……"（摘自哈珀与罗出版社（Harper & Row.）出版的《卧房图记》（*The Seal in the Bedroom*））

感状态赋予它们活泼的生命，以主观意愿改变它们……"柯布西耶也说过："建筑这一行就是要利用未处理过的材料，建立情感上的联系。"要达到这个理想并不容易（高大的门不一定堂皇，黄色的房间也未必让人精神愉悦），因为情感上的联系是个人的，而且有时候不可捉摸。

建筑师可以控制建筑的内涵意义，以暗示与业主、承租人或使用者有关的事情。这些意义可以暗示某种特质——喜好自然或偏爱都市，爱社交或喜独居，激进或保守。S.O.M. 设计的立华大厦（Lever House）光洁耀眼，却不一定要和肥皂有什么关系；赖特的庄臣公司总部（Johnson Wax headquarters），外观平滑、光亮；贝聿铭（Ieoh Ming Pei）设计的新泽西州强生公司大楼（Johnson & Johnson）让人感觉消过毒、信得过似的；埃罗·沙里宁在华盛顿附近设计的达拉斯机场则暗示了飞的特质（虽然他早期的纽约环球航空公司（TWA）航空站也有相同的企图，却似乎更朴实、更幼稚——这座航空站明明就是只"鸭子"）。

戴维·亨利日农场（David Henry Day farm），格伦·黑文（Glen Haven），密歇根：平凡的造形却有不凡的表现力，有股男爵的庄重气质。和惯见的谷仓比起来，这件作品清楚地传达了建造者的特质。（摄影／巴尔萨泽·科拉）

　　文丘里等人在《向拉斯维加斯学习》一书开头写道："商业宣传、赌博趣味、竞争本能的道德性，在这里是毋须讨论的。"颇公允！即使某些元素并不迷人，道德问题却是另一件事，更复杂、更个人，而和建筑物的品质无关。威廉·理查德·李瑟比认为，"艺术就是处理正确事物的正确方式"（Art is the right way of doing right things.），不过，说艺术"只是"处理事物的正确方式（Art is simply the right way of doing things.）也许更真切。奥斯卡·王尔德（Oscar Wilde）在《道林·格雷的画像》（*Picture of Dorian Gray*）一书的序言中曾说："没有所谓道德或不道德的书，书只是写得好或写得差……人的道德生活形成艺术家主题事件的一部分，然而艺术的道德性却在完美地运用有缺陷的媒介。"即使认为上教堂比跑赌场道德的人，也想象得到可能会有很丑的教堂，会有设计巧妙的赌场。

　　虽然建筑不会教人道德或不道德，但建筑确实相当程度地传达了创作者的态度。赌场和教堂一样，会以各种不同的声调对我们说话，而这却和建筑物原来的机能无关，而是和机能本身有关。从拉斯维加斯或亚特兰大的赌城，可以看到人们的贪婪；从巴登巴登（Baden-Baden，德国中部城镇）或戛纳（Cannes，法国东南部海滨城市）的赌城，可以看到人们掌握到的幽雅格调。

这种人为的性格有许多根源，其中最主要的是业主、营建者及一般社会的价值。这个性格告诉我们和这些根源有关的信息，而这些社会学上的信息正是任何建筑作品所包含的部分意义。

当然，也可能夸张了建筑，从一些枝微末节推论整个文明，以下这段节自 1878 年《美国建筑师与建筑新闻》（*The American Architect and Building News*）的文章，便是个极端的例子。

"书法总带着书写者的个性，同样的，某国人的特性也会由其穿着及装饰表露出来。以英、法、德三国为例：英国领导流行的多是二三十岁的人；法国，不管年轻人或老人，都对自己的穿着有兴趣；德国给艺术事物敷上色彩的则是老教授。现在我们各选一件这些国家做的外衣，从剪裁来看其国人的性格：英国人，方整有棱角；法国人的线条幽雅而柔和；德国的外衣有点英国的味道，而加了些教条主义的学究气。再看看这三国人处理三叶草的方式：英国的充满力量，几乎所有线条都是直的；法国的则优美而高雅；德国的呢？有些许力量（锐角），动态上些许优美，中央分割部分对凹凸曲线的控制又有点教条味。"

显然，不光整栋建筑物能够传达意义，建筑物的某部分（比方三叶草

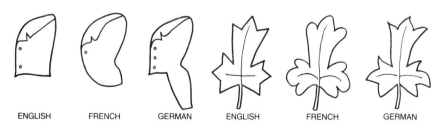

ENGLISH　　FRENCH　　GERMAN　　ENGLISH　　FRENCH　　GERMAN

按 1878 年《美国建筑师与建筑新闻》所述：从马甲和三叶草可以看出国民的性格。

巴托洛米奥·阿玛纳蒂设计的皮蒂宫，佛罗伦萨：光影造成的丰富质感告诉人们佛罗伦萨的阳光究竟多强。（摄影／作者）

饰）也行。巴托洛米奥·阿玛纳蒂（Bartolomeo Ammanati）把皮蒂宫（Pitti Palace）的外墙处理得极粗糙，并不只是为了增加视觉趣味、避免宽阔的建筑面看起来太笨重。其中由光影所塑造的丰富质感，更告诉了我们佛罗伦萨的阳光究竟多强！就装饰而言，光影本身就是一种语言，是气候条件促成的图案。

〔约翰·拉斯金甚至认为建筑的某些力量来自阴影量（以面积或密度来算）。他称这个观念为"伦勃朗主义"（Rembrandtism），这个思路关心的显然不只是建筑物的大小，同时也在乎形成立体轮廓的力量。〕

不同的装饰图样传达不同种类的信息，经过一段时间，建筑物的外表便会告诉我们哪些自然力作用在上头。顺着立面轮廓线出现的污斑、风化，正是风、雨、油烟及所用材料相对硬度的明证。

材质也可以给建筑物带来想象的人性品质，因为人和自己的质感非常亲近，指纹的特色比塑胶手套令人愉快。阿尔瓦·阿尔托尤其擅长利用材质将所设计的建筑物人性化，而且他更意识到：所有建筑材料都有特定的温感范围，有些材料就比其他材料吸引人，而他设计钢柱时，就会在使用者身体可能擦碰的高度包上皮革。

当然，粗糙的不一定比平整的好，许多很好的建筑，精彩处正在光滑、机械感的表面。我们也不认为光靠材质就可以把建筑物提升成艺术，不过，材质确实可以化平凡为特殊。罗杰·弗莱（Roger Fry）的《最后教程》（*Last Lectures*）里也提到，触觉元素在绘画里扮演了类似的角色。他也很可能正写一些关于皮蒂宫的文章：“如果整个平面多多少少再和几何形接近一点的话，大脑便可能把它当成一个概念化了的盒子，正如大脑掌握欧几里德几何里的图形一样；但表面不断的轻微变化，让大脑及注意力留在感觉的世界里。”起码，就这样的程度来看，对建筑来说，材质和装饰效果（因为只有在细微的纹理中，材质才是装饰）一样，既是潜在的决定因素，也是有价值的东西。

由建筑物传达的某些信息的根源问题是建筑师无能为力的，虽然方案

预制混凝土板细部，詹姆斯·斯特林设计的圣安德鲁斯大学宿舍：
质感可以让建筑物具有人性的特质，指纹就比塑胶手套讨人喜爱。（摄影／詹姆斯·斯特林）

帕拉迪奥的卡普拉别墅（Villa Capra），维琴察（Vicenza）附近：
从别墅向四方眺望，雕像则加强了这个特质。（摄影／作者）

规划初期，聪明而有冲劲的建筑师可以教育业主、应付严苛的法规和常规，抗拒流行甚至说服社区接受一些未受欢迎的改进措施，但是不管是他或者她，最后终要在给定的空间要求、给定的地点、法令及预算之下做设计。但是，即使在这样的限制之下，建筑师仍然有选择的余地：奈吉尔·梅利什（Nigel Melhuish）在彼得·哈蒙德（Peter Hammond）所写的《面向宗教建筑》（Towards a Church Architecture）一书中有名为《现代建筑理论与礼拜仪式》（Modern Architectural Theory and the Liturgy）的一篇文章提到："人们曾以为，如果能掌握宇宙中每个质点的位置，便能预测未来。科学界早就放弃了这个观念！但建筑里却一直有类似的东西，以为如果能知道一切相关因素，就可以决定建筑物的外形。麻烦在'相关'与否绝大部分受制于设计者陈述问题的方式，即赖乎设计者的观点。"此观点确保建筑不只是科学，建筑师所做的特定选择则赋予建筑物另一类的内涵意义：有关建筑师及他或她对使用者的态度。

　　最容易看出这种态度的，就是建筑师究竟花多少心力？委托方案可以轻松方便地完成，也可以细心深思地做。如果只拿建筑师很用心的例子来看，可以有相当范围的信息传达出来。这些信息会清楚地透露建筑师的个性，好像和他一块儿在同一个牢房里待了个把月似的，这些信息我们没有符号科学的知识也能读懂。建筑师尊重业主吗？他会容忍他们，还是瞧不起他们？他希望提高精神性，增加趣味呢，或是认为该侧重整个社会的有效运作，压抑个人的享乐？他是不是只设计简单的机能性产品，不带技巧或智慧——换句话说，他是不是低估了我们？他受委屈了，还是在吹嘘？他提供的智慧型刺激，是不是符合我们的欣赏水平？或者他设计的房子在吹牛，装作它能给我们更多的东西？还是少了什么，使人觉得无聊？

　　这些并不是建筑物的主要信息，对美学价值而言也不是主要的东西，但却可以这样说：只有建筑师表现得很用心、肯深思，建筑这门艺术才可能兴盛。这是次要的信息，是关于建筑师而非直接与建筑物有关的资料，

路易斯·沙利文 1884 年设计鲁宾·鲁贝尔住宅（Rubin Rubel house）时，上头的一块铸砖，芝加哥：以新艺术（Art Nouveau）的鞭条似的曲线诠释自然。（摄影／作者）

但是这信息却并非毫不重要。研究詹姆斯·乔伊斯（James Joyce）的学者威廉·约克·廷德尔（William York Tyndall）写过"《芬尼根守灵夜》（*Finnegans Wake*）谈的就是为芬尼根守灵。"但是我们不会否认，这部小说告诉了我们有关乔伊斯的一些事，以及他心目中的"理想读者"究竟如何。

　　建筑还传达了其他的次要信息。打一开始，象征性元素——动物、植物、人——就一直被放在建筑里，即使有时候他们并不刻意诉说特定的、指示性的故事。象征性元素有时候具有特殊的重要性，比方新艺术建筑上的植物造形，当时就既担负了结构作用，也体现了植物与建筑物的类比关系。有时候这些微小的造形和房屋之间会有密码似的关系：文艺复兴时期的意大利，当房子上有蜂窝装饰时，即表示巴尔贝里尼家族（the Barberini）赞助，丁香花是法尔尼斯家族（the Farnese），成组的五个球则是美第奇家族（the Medici）。

　　有时候自然造形会反复出现在老式的建筑物里，因为以原始方法构建

1895 年维克多·霍塔（Victor Horta）为范·艾特菲尔德住宅（Van Eetvelde house）设计的圆顶沙龙，布鲁塞尔：植物造形既担负了结构功能，也体现了植物与建筑的类比关系。（摄影／马尔堡图片档案馆）

罗杰・C. 费里设计的"徒步城"里百柱厅的柱子：
建筑里运用植物造形的当代实例。（摄影／罗杰・C. 费里）

建筑物时，这些自然物即是重要的造形来源：石造柱头及顶板便让人想起成束的芦苇和木块。这里建筑诉说的不是它的未来，而是它的过去，不是它的可能用途，而是它的来源。按亨利・詹姆斯的说法，不光是诉说"某人心目中的英雄"，更是"某人自己的故事"，而建筑，同样有自己的故事要说。

如果继续追究语言的隐喻，或许会发现这些润饰并不诉说什么特定的

［右页上］圣彼得大教堂的望楼，罗马：植物、动物及人形的组合使建筑更有生气、更有趣（摄影／图片联盟，罗马）。

［右页下］柱头，圣安蒂诺（Sant' Antimo），蒙塔尔奇诺（Montalcino），意大利：建筑里可能有一些生活里根本看不到的动物。（摄影／乔治・切尔纳）

东西，却可能代表了一种诉说的方式。有时候我们说建筑在对我们吼叫，其他时候又是礼貌的对话，但往往只是不连贯的漫谈。这种说话的方式则随时间、场合而异，今天我们不用斯宾塞或莎士比亚时代的语言，也不会用押韵的对偶句称呼修车场的技工。虽然说话的方式变了，但是，人们彼此交换的想法却和人本身一样，常定不变。我们不该把沟通的方式和沟通的内容混为一谈，正如不具内容的漂亮言辞没有什么价值一样，建筑造形如果愚蠢，上头的装饰也就没有多大意义。

连结关系如果象征的是人的造形，尤其是脸的时候，最容易使人感动。即使这种关系不是故意的，我们也会将建筑物等同于自己的容貌：屋顶当成盖住头顶的头发；窗户当成凝神的双眼；门道当成嘴。这些连结如此明显，虽然我们不至于常常放在心上，但是它们的确存在我们脑海里，存在表层下的某个地方，建筑师最好别否定他们。如果我们有随处寻找脸孔的倾向

涅槃住宅，藤泽，神奈川县，日本，合田健文设计：只要可能，人都会去辨认人的脸孔及表情。（小川大助，日本建筑师株式会社）

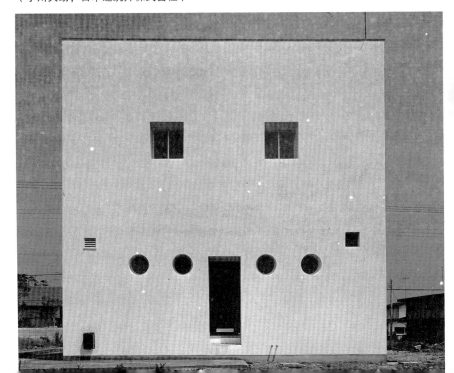

斯瓦扬布纳特寺（Swayambunath）的塔，尼泊尔：塔上的眼睛傲慢地注视着加德满都山谷。（摄影／坦博拉哈里·萨博拉曼亚·萨特亚（Tambrahalli Subramanya Satyan），摄影出版社（Camera Press），伦敦）

——天上的云、地上的泥或者建筑物的正面——自然也会辨认脸部的表情及其表露的情感：一栋房子看起来可能友善或凶恶，令人沉思默想或者令人惊愕。这种联想如果未被建筑师料到，让建筑物的个性和原来的意图相龃龉就要命了！

没有直接相似性的时候，建筑元素同样可能被拟人化，柱子可以代表男人；庇护性的拱代表女人；象征战神、海克利斯之类勇武之神的庙宇，依惯例多用多利克柱式（Doric Order）；比较细巧的科林斯柱式（Corinthian Order）大家则认为较适合爱神、花神等女性神祇。此外，乔治·瓦萨里（Giorgio Vasari）更把大宅邸的正面比做男人的脸，庭院比做躯干，外部楼梯比做手臂及双腿。这样的联想和拟人化并非建筑的主菜，但却可以让菜增色，技巧好的建筑师也总会利用这些东西。

文丘里 1962 年替他母亲设计的住宅（建于 1964 年）就是这样的例子。这是栋竖立个人特点的小房子，也有意让观者看到某个固定的形式。它的确很接近孩子们画的房子——尖屋顶，中间有一支烟囱，加上一个摆在中间的门。文丘里说："我这样想……它达到了某个精髓，既是住宅的样式，也是基本的样式。"建筑物传达的信息告诉我们，它不只是栋房子（照奥古斯都·威尔比·诺斯莫尔·普金（Augustus Welby Northmore Pugin）的原则："什么房子看起来就该像那类房子"），它也是能庇护的、亲切的、有家的感觉的房子（按阿道夫·鲁斯（Adolf Loos）的想法："建筑唤起我们的情绪，建筑师的工作便是要让这种情绪准确。"），更有甚者，它避免惯用的抽象方式（起码在 1964 年，对一栋由建筑师设计的房子而言是惯用的），而采用更传统、甚至地方性的造形和装饰。

马萨诸塞州沃塞斯特（Worcester）的哥达德图书馆（Goddard Library），其刻意的内涵意义则不那么明显。该馆于 20 世纪 60 年代中期由约翰·麦克莱恩·约翰森（John MacLane Johansen）设计，他在《美国学者》（*The American Scholar*）一书中写道："电子设备的大量出现会诱导

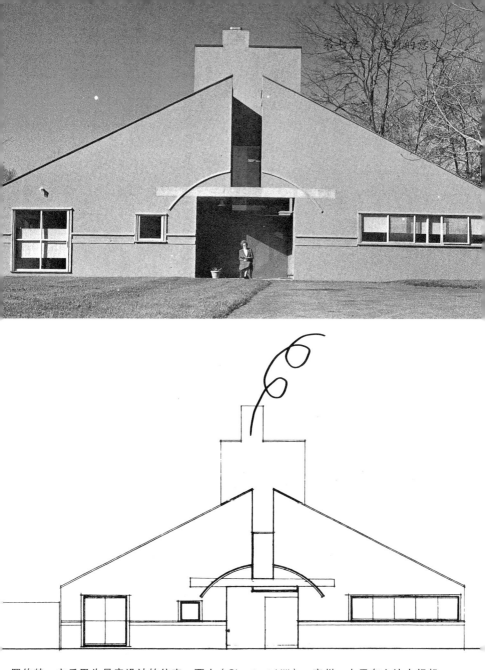

罗伯特·文丘里为母亲设计的住宅，栗山（Chestnut Hill），宾州：由于存心让人想起某个特定的型，看起来很像孩子们画的房子。（摄影／罗林·拉·弗朗兹（Rollin La France），鸣谢罗伯特·文丘里；插图／罗伯特·文丘里）

约翰·麦克莱恩·约翰森设计的哥达德图书馆，沃塞斯特，马萨诸塞州：
"像全录影印机的背部"（不是乾净的正面）。（摄影／乔治·切尔纳）

建筑物相当程度的模仿……可以互换的多种部件、不同型号的电路提供不
同的功能。这种想法暗示了异样的建筑形态……将由相同元件构成的不同
组合集结而成。"而且，通常会影响美学内容，"统御它的是对变动的技
术和环境的深切意识"。以科技时代的特色重新审视建筑确是有雄心而大
胆的目标，约翰森似乎非常成功，当然，这座图书馆照约翰森自己在《建
筑论坛》杂志里所说的"看起来像全录影印机的背部（不是干净的正面），
所有元件和连接件都装配在一个结构底盘上，并且露出来。"这个目标需
要捐弃一些常态的建筑秩序，是否值得？尚多疑问！

　　赫伯特·瑞德爵士说："没有象征，就没有对话，也就没有艺术。"
如果一栋建筑物可以被视为建筑，那么它必须对我们说话，而我们必须倾听，
但是我们必须分清鸭子叫和远较丰富、抽象的建筑语言，同时还必须分清

哪些是真正蕴含于实质造形中的意义？哪些是我们附上去的？年轻的英国艺术史家戴维·沃特金（David Watkin）在《建筑史之兴起》（*The Rise of Architectural History*）一书中曾论及：同样的造形可能有对立的诠释。对欧洲大陆的人而言，巴洛克教堂的室内是罗马天主教信仰和绝对君主专制的象征；对 17 世纪晚期将之用于英国的某些人而言，却象征了完全相反的东西——维新党和新教徒的目标。我们本身即是任何对话的一部分，任何符号和象征当然像文字一样，意指我们共同认定的事物，不过还是应该避免在人为造形上附会字面意义。巴洛克的确内涵动态、甚至热情，却并未直接意指天主教义或新教教义，而如杰弗里·斯科特所说的，尖拱也并非天生就是基督教的，这些是联想，不是意义。

哪里算是意义，哪儿开始又是联想，的确令人困扰。同样的，也很难把建筑物所意指的东西和我们对它的了解分开。或许最高层次的建筑艺术，分辨不出方法与目的、媒体与信息。完美作品的内涵是与生俱来的，和结构及体量密切地结合在一起，建筑物和它的意义是不能分割的，沃尔特·佩特说："所有艺术都激起音乐的状态。"（All art aspires to the condition of music.）（此说较达·芬奇称音乐为绘画的姊妹，弗雷德里希·冯·谢林（Friedrich von Schelling）所谈凝固的音乐等两种说法更准确。）"因为其他艺术都可能区分实体（matter）与形式（form），人的理解力又总设法辨识其差异，但是，艺术不变的努力即在消灭此差异。"克劳德·莫里亚克（Claude Mauriac）在《新文学》（*The New Literature*）一书里谈小说的一段话颇可以用到建筑上："具创造力的艺术家总为技术问题所困扰，但是只有失败的作品，形式才会离开内容。"

当然，我们这里谈的是严肃而抽象的内容。凿刻在窗户上的花环将永远留在建筑外表，也许迷人，却浮于表面而无关紧要。我们希望看到的是和形式结合，同时召唤出形式的深刻意味。这意味无法完全用文字来捕捉，能完全表现的只有建筑，但即使如此，我们仍能立刻辨识。无法转译不一定不清楚，建筑意义的清晰性正存乎建筑秩序（architectural order）之内。

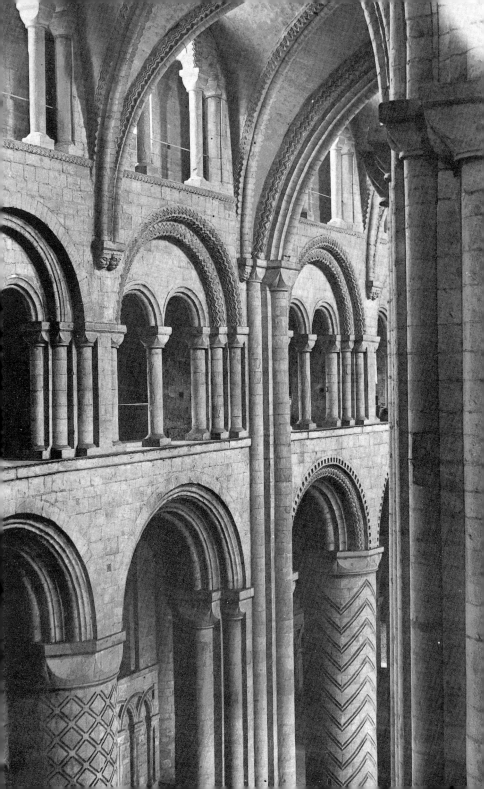

第八章　秩序
Architectural Order

如果戏剧第一幕里有把枪挂在墙上，最后一幕一定得射击。

　　　　据传为安东·巴甫洛维奇·契诃夫（Anton Pavlovich Chekhov）所说

但是，

事情看来愈不可能发生，一旦发生，所代表的信息就愈多。

　　鲁道夫·阿恩海姆（Rudolf Arnheim），《熵与艺术》（*Entropy and Art*）

而且，

只有懂得掌握机会的猫才有用。有时候我演奏些东西，自己却听不到。

　　　　　　　　　　　　　　　　　　据传为塞隆尼斯·蒙克所说

前面已经谈了许多和秩序有关的事，部分与部分、部分与整体、建筑与所在地的合理关系，反复与模矩化的力量、对完整单元的感知、构造实况的表现，以及强调内涵意义等等，都是为了秩序，不是机率。设计的逻辑秩序正是建筑师的核心工作。

　　任何艺术作品，其实任何人为的作品，都有相当程度的复杂性，不可能有所谓"绝对的秩序"（absolute order），如果找得到，一定是僵硬、无生命的东西；也不可能有不具形式（formless）、毫无秩序的作品，真是这样我们就无法视之为作品了。（照美国诗人理查德·帕默·布莱克默（Richard

杜伦大教堂（Durham Cathedral）：
相同开间的反复比个个不同效果好；在这种逻辑的反复之中，柱身图案的变化很容易让人喜爱。（摄影／国家历史遗迹档案（National Monuments Record），伦敦）

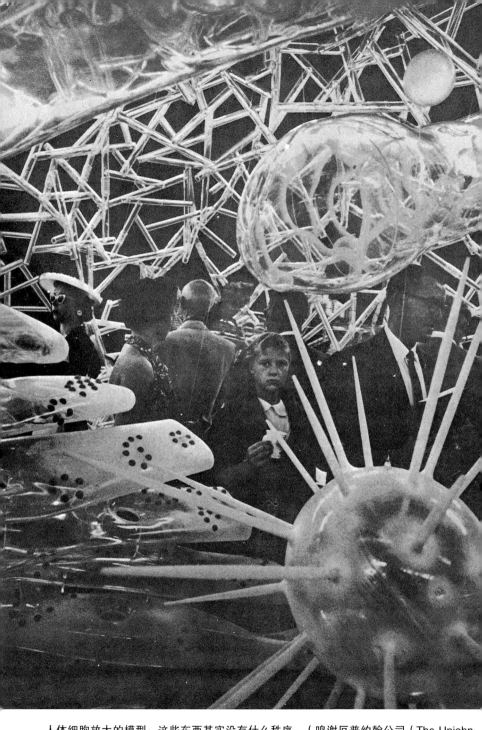

人体细胞放大的模型：这些东西其实没有什么秩序。（鸣谢厄普约翰公司（The Upjohn Co.））

Palmer Blackmur）的说法，"形式"（form）是事物所以为该事物的终极原则。）因此，建筑就一定居于绝对秩序与毫无秩序之间，在均质与混乱之间。身兼冶金家及哲学家的西里尔·斯坦利·史密斯（Cyril Stanley Smith）认为，在自然的结构里"除了绝对的秩序及混乱，单元和整体之间没有层次之外，任何系统都有层级"。建筑里同样需要层级或某种组织，将单元和整体联结起来，同时让人有办法把集结后的各个部分看成一个单元。

　　虽然自然里有结构秩序，但自然却无法作为建筑秩序的模型，热力学的函数认为整个宇宙一直在趋向混沌无序，（起码对绝大多数的科学家似乎如此；也有科学家猜想热力学第二定理有漏洞，让局部的系统逆流而上阻止这种混乱。）而以细胞及原子的尺度来看，确也缺乏可见的秩序。当然，人本身就证明一定存在严谨的细胞秩序，但却不是人眼或心理看起来像秩序的东西。哥德在一篇名为《论德国建筑》（*On German Architecture*）的文章里，赞美说"大自然，她讨厌、甚至憎恨不恰当、不必要的东西"。实际生活中她才不呢！即使就我们的尺度而言，大自然里许多东西都是反复无常、自相矛盾、古里古怪、甚至一塌糊涂的。挥金如土的自然界毫不在乎界线（boundaries），而界线对艺术品来说是最基本的东西，亚里斯多德（Aristotle）关于艺术经济（artistic economy）的想法非常有名：

　　"和其他艺术一样，诗里头的物（object）是一个单元。悲剧里的情节既代表了有机、有组织的段落，就必须是一个整体。事件、插曲的结构秩序也该这样，改动任何部分都会破坏整体的组织。一件东西存在与否对感知毫无影响的话，就不会是整体里的有机成分。"

　　法国现代画家亨利·马蒂斯（Henri Matisse）也说过同样的话，"画里头没用的东西都有害。"因此，我们可以视艺术的秩序为反自然的创造，是人们面对偶然做计划而得的产物。艺术即是人们战胜自然的明证。

　　不过，人为秩序倒不必矫揉地严格统一，要建立元素之间的秩序有许许多多的方法，不只是把它们排成直线。有些方案，只有强烈而明确的个

人品味才可能让集合在一起的元素有整体感。约翰·索恩爵士在伦敦有栋房子，现在是博物馆（从 1837 年他逝世前四年起就是），里头复杂得让人昏头，其中就是上述的所谓品味，让繁多的形状、空间和物体呈现出整体感。整个建筑大致分为三部分，其中一部分是 1792 年索恩盖了自己用的，其他两部分是后来他再增建的。中央部分向旁延伸，涵盖了整个面宽，楼板和空间都相互连通，水平向及垂直向的视线丰富而精彩。里头尽是圆顶、壁龛、镜面及许多交接面，或遮或放得让人看到不同的画及物品——这些设施上面都布满了半身像、瓮、大理石块、精美的石柱、陶器、铸器以及三万张建筑图，里头没有哪一块地方不透露索恩的特色。

　　纽约州伍德斯托克（Woodstock）那栋看起来杂漫的手造房屋，则是完全不一样的路子。克拉伦斯·史密特（Clarence Schmidt）一片片地把房子组起来，人们称他"草根运动的模范"（one of the paradigms of grass roots movement），又称他为"头号叛逆小子"（the first beatnik，beatnik 指 20

约翰·索恩爵士博物馆，圆顶大厅一景及剖面图，伦敦：
拥挤、繁杂，却保持了一致的个性。（摄影与插图／保管人约翰·索恩爵士博物馆（The Trustees of Sir John Soane's Museum））

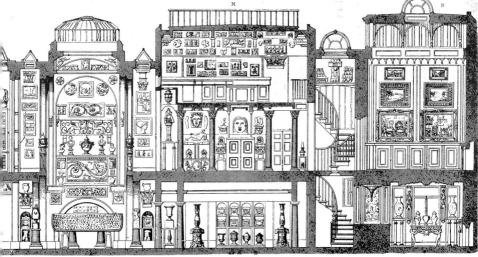

克拉伦斯·史密特的手造屋，伍德斯托克，纽约：
由强烈个人特质塑造出的一致性。（摄影／格雷戈·布莱斯代尔（Greg Blasdel））

世纪 50 年代末期穿着奇装异服、奉持新信仰的年轻人）。这栋房子全由零碎的木料、旧窗户、残破的镜子、铝板、脚踏车轮、涂过焦油的木料和枯死的树枝组成，整个看起来像是包上了皱摺且反光的铝箔。通过同样强的个人特性堆集成一个整体。

　　但哥德在同一篇论文里提到，"即使是野人住的房子，也因为统一的情感而使它们成为有特色的整体。"恣意、不恰当的造形和线条仍然可能和谐，建筑秩序不一定要为人熟悉，可能有极强的艺术家个性，对观者而言也可能是全新的东西。

　　用其他艺术的元素创造出建筑，可想是个特例，约翰·拉斯金刚愎地认为"其实，对人来说只可能有两种纯艺术，即雕塑和绘画。建筑不过是把它们联集成堂皇的体量，或者是把它们放在恰当的地方。"维多利亚时期人们对建筑的想法和约翰·拉斯金这个偏执的观念差不多，认为建筑可以是艺术，但是只有借雕塑、绘画赋予它想象力时才是。19世纪时，有人认为水晶宫"各个部分的装饰不够多，使它无法脱离一流的工程，变成彻底的艺术品"（an object of fine art）。然而，即使完整和谐的建筑物里包含了雕塑、壁画，整体仍是建筑，不是其他艺术。所以，如果人们对这些艺术的轻重有争执，我们还是会投建筑的票。苏珊·凯瑟琳·朗格（Susanne Katherina Langer）在《艺术难题》（Problems of Art）一书中写到："只有一种说法保险，每件作品都有自己的精灵，相对来说其他实质的东西都是次要的。艺术里没有美满的婚姻，只有成功的强暴（There are no happy marriages in art — only successful rape.）。"

　　我们给建筑符合逻辑的信息，建筑因而为我们所用，它是视觉可以感知的物品，也是很实际的物品。乔治·格罗莫尔（Georges Gromort）在巴黎艺术学院里跟学生说："建筑物设计得好，在里头就不必问路。"除非建筑师存心让你迷路（这种状况非常少），不然不会这样，但是我们还是会碰到这类困扰。困惑可以做儿童游戏设施的模型（model），比如BBPR工作室（Studio BBPR，由詹路易吉·班菲（Gianluigi Banfi）、罗多维科·巴尔比亚诺·德·贝尔吉欧加索（Lodovico Barbiano di Belgiojoso）、恩里克·皮瑞瑟第（Enrico Peressutti）、厄内斯托·南森·罗格斯（Ernesto Nathan Rogers）四人组成），在第十届"米兰三年展"里提出的迷宫。荷兰建筑师阿尔多·范·艾克也对他设计的阿纳姆展示亭（Arnheim exhibition pavilion）做了以下的解释："基本想法是不希望它透露里头的内容，非要观者非常接近不可。要他砰的一声撞上去，说对不起，问这是啥玩意儿？然后发现……哦！……嗨，你好！"

　　有时候建筑部件就能让我们欣喜不已，忘了去注意整体，乔凡尼·巴

罗马的圣玛丽亚教堂，乔凡尼·巴蒂斯塔·皮拉内西唯一的作品：远看，独特、严肃；近看，正面上的细部便随着建筑师的想像力转绕出一系列幻境。（摄影／作者）

蒂斯塔·皮拉内西（Giovanni Battista Piranesi）唯一的一件作品，罗马的圣玛丽亚教堂（Santa Maria del Priorato），就是这样的例子。从山丘下看它的大理石正面，虽然中央戏剧性地开了个牛眼窗，却依然安详、贴切，甚至有点严肃。到了山上看清细部之后，严肃的感觉就不见了。正如我们所预期的，正面不但有一般基督教的图像，也有赞助者，特别是马耳他骑士（the Knights of Malta）的图像，当然也有一些意想不到的细部。四根巨大的方柱，柱身均有刻槽，上头各镶了一片刻板，远看是一个浮凸的十字架，近看，原来是武器和一些遗物拼成的十字形。远看，四个十字都一样，近看，才发现各不相同。柱顶的涡形柱头则是半狮半鹫兽的腿，看似螺旋的东西原来是卷曲的蛇，每列齿饰转向的地方，在转角换上一个松果。其实，整个立面充满了皮拉内西的幻想，这些东西之所以有趣，正因为只是远观的人看不到。大声地将这些幻想传出去，或许令人生厌甚至排拒；只对教友们耳语，就真的让人着迷了。

因此便留了余地给预期不到的东西。逻辑并不需要消灭惊奇，不过，逻辑和惊奇却往往是死对头，如何解决其间的冲突呢？哪些惊奇对秩序是建设性的？哪些又是破坏性的呢？

咱们先来想象一件无法想象的事：绝对中性的房子。这房子不好也不坏；大小呢，能够满足里头的使用需求，外头也认得出来，但不会让人印象深刻；形状，简单的长方盒子，比例合理，屋顶和各边都绝对平整，角隅都是直角；房子位于平坦的基地上，大门开在长边的中央，到屋内各处都方便；开窗间距很规则；淡淡的灰白色；房子毫无特征，看不出结构及构筑材料。它当然值得尊敬，但也显然很没趣。

我们现在再来想象一下碰到某些状况，这栋土土的房子会有什么反

[右上] 坎特伯雷大教堂（Canterbury Cathedral）上头的拱筋构成规则的图案，诉说坚定的建筑秩序。

[右下] 林肯大教堂（Lincoln Cathedral）的拱筋构成切分音似的图案，带入了有趣的个人元素，却让人分神、甚至困惑。（摄影／国家遗迹档案，伦敦）

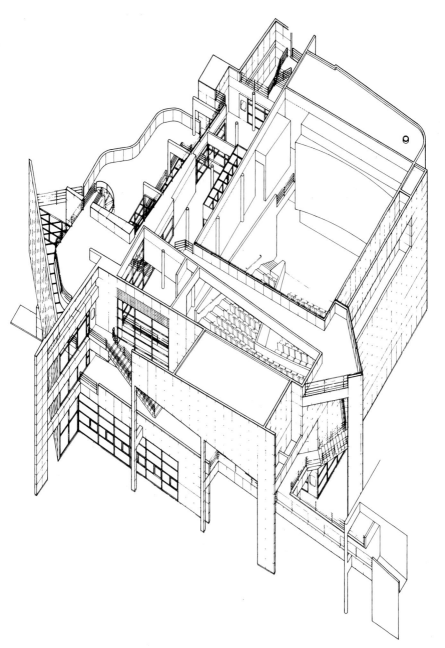

理查德·迈耶设计的图书馆，新和谐镇，印地安那州：看得懂的部分我们可以读，没法读的部分也认为它很好。（鸣谢理查德·迈耶）

应。基地在斜坡上，可能需要一块不规则的基地；要解决雪载重的问题最好用斜屋顶；停车场如果偏在某一侧，房子的入口可能就要改到较近的一角，这么一来，里头的动线系统也要改；土壤状况可能会影响梁的跨距，也可能造成怪异的结构；内部机能（咱们这栋小房子里头可能是回旋磁力加速器或是善本书图书馆，也或许是一家子长颈鹿）的影响也一定会让建筑物无法中性，如果这些影响改变了咱们那栋房子，第一次看见，我们也许会大吃一惊：高高的窗子长颈鹿可以往外看，外观一定很奇怪，不过只有开始会这样，一旦了解影响条件，那些窗子就不会让人吃惊了；其实，他们会说明房子之所以建成这样。艺术史家朱迪丝·韦克斯勒（Judith Wechsler）在介绍《论科学中的美学》（On Aesthetics in Science）一书时谈到"当人们发现科学与艺术间某些联结，或不经意了解其中某些问题竟完全正确时，会发出'Aha'的惊叹"，而这也正是我们对那些逻辑地控制了的惊奇会有的反应：开始的"哦（Oh）？"会变成"啊哈（Aha）！"

有些惊奇是为了面对较个人的、不那么实际的需求，可能是动些艺术手脚以增加建筑物的内涵意义，或者表达某些不容易弄清楚的艺术冲动。对这样的惊奇我们也会有同样的反应。建筑很可以离谱得毫无秩序，可以充满惊奇，让眼睛没地方停，但底下那股艺术冲动的力量自然能够控制一切。只有当建筑师控制了一切，而效果也都是他刻意安排的时候，说它们有意义，我们才能接受。

理查德·迈耶（Richard Meier）在印第安纳州新和谐镇（New Harmony）设计的图书馆（Atheneum），乍看简直使人昏头——鱼鳍似的突出部、屏墙、坡道、楼梯，悬臂加底切、曲线加转角——而一旦研究过这栋建筑物、甚至在里头走动之后，就知道整个建筑物其实是一部展示新和谐镇有关资料的大机器，整体造形正好配合我们的参观行动——贯穿、环绕、跨越。里面有个全镇的模型，旁边展出地方艺术品，又有地方放映该镇发展的短片，再来个全镇鸟瞰景，最后经过坡道把人导向新和谐镇。那些乍

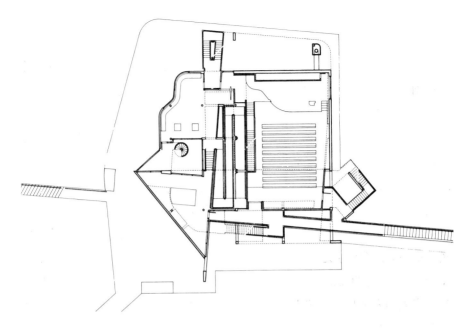

图书馆的平面架构不是单纯的一组正交格子，而是数个正交格子相叠加在一起，某部分——面对沃巴什河——更脱开格子系统，变成曲线。（鸣谢理查德·迈耶）

看复杂而恣意的处理，其实都非常合理地配合着这条动线。

　　该馆造形上其他的复杂性则并不是迈耶因应动线需求所做的处理，而是针对构造问题的回应，反映出建筑物组织的抽象（而且是必要的不准确）概念（concept）。整个设计过程，从接受委托到图书馆完工，这个概念——每阶段都略做修正——便是一切设计决策的指导原则。

　　当然，每个建筑师做设计时都有类似的概念，建筑太复杂了！想处理得好就不能太恣意。克拉伦斯·史密斯手造房屋上的反射面和铝箔，概念一定是希望人们看到一个广阔又会闪烁的东西。对希腊人而言，是一组固定的规则控制所有建筑元素之间的关系；对今天的仓库来说，也许是结构格子；对办公空间来说，可能是以工作地点大小、形状为基础的模矩。设计得好的建筑物，中心总有一个概念。正如评论家克劳德·费耶特·布拉格登（Claude Fayette Bragdon）20 世纪初所说："建筑作品（a work of architecture）也许重要、有机、具戏剧性，但除非它同时有计划、有组织（schematic），否则它无法成为艺术作品（a work of art）。有计划、有组织意味：依据某个调整原则，系统地安排各个部分。"

根据新和谐镇图书馆方案，从完工的建筑物可以推知迈耶的概念：从建筑物和城镇的关系来看，它应该是一组直交的格子，里头各元素互相垂直。不过，长长的斜坡在建筑里会切出一条对角线，既然如此，就让它在平面上也和其他直交的元素差五度。在背对城的这一面，前头是蜿蜒的沃巴什河（Wabash River），所以就让它脱离格子系统和河岸一样曲曲折折。

再看这座图书馆，我们便大略知道，它之所以这么复杂，是机能要求影响动线形态所致，也是迈耶的设计概念所致。它是栋特别复杂（intricate）的建筑，而不是毫无秩序的房子。

即使如此，该馆某些部分还是令人迷惑。但是一方面我们已经知道其中许多部分的处理明智而合理，一方面各部分表面处理及细部都做得很好、很有说服力，加上元素多而殊异，却有共同的、单一的形式语汇，让我们可以听出建筑师的声音。基于这些理由，我们可以肯定这栋建筑的艺术性，看得懂的部分可以读，没法读的部分也会认为它很好。

史坦利·泰格曼（Stanley Tigerman）为盲人及残疾同胞设计的伊利诺斯图书馆，比新和谐镇图书馆简单，可是同样有某些元素初看不知其所以然。比方某个面的窗开成一条连续的大缝，上缘活像云霄飞车的滑轨。虽是个得体、好玩、看起来很舒服的形，可是我们马上就会想到建造时的重力问题，今天有了钢筋混凝土，才可能把薄墙这样切挖而不会倒，木构造或是承重的石墙都不可能办得到。如果只是奇想，就是要这样盖而没有其他理由，这项结构成就便成了空洞的炫示。外头看不出所以然，咱们里头瞧瞧！窗旁原来平行摆放着一列柜台。窗上有条曲线，柜台的平面也是条曲线，这是盲人可以读懂的建筑元素，这个怪异的形状很容易记，盲人很容易知道自己在整个柜台的位置。此外，柜台高度改变也让乘坐轮椅的人知道哪

史坦利·泰格曼设计的伊利诺伊盲人及残疾人图书馆（Illinois Regional Library for the Blind and Physically Handicapped），芝加哥：长曳上弯的波浪状窗是个得体却令人疑惑的形状，了解它和背后柜台的关系后，便知这些处理是为了让盲人"读懂"。（摄影／霍华德·N. 卡普兰（Howard N. Kaplan），鸣谢史坦利·泰格曼）

里可以有特别服务，毋需在其他出口排队。对尚有视力的人来说，高低起伏的窗子刚好让他可以察觉光线的变化，提供另一个定向的参考。当然，这窗子更是内部特性在外部的表现，这个颇费了点力气的窗子就不只是面上的装饰，也传达了某些意义。

　　某些建筑物里的惊奇则只透露出设计失控。假使咱们那栋中性的房子加上了奇怪的高窗，却没有长颈鹿往外看；或者长坡道走下来哪儿也不是；或者因为建造者的失误，入口斜了个角度；或者某个角落泼了一加仑鲜绿色油漆，我们就只会发出"哦（Oh）？"的疑愕，却绝不会变成"啊哈（Aha）！"——心领神会的惊叹。

　　所以，我们必须分清这两种惊奇——哪些传达信息，哪些没有；前者总会对毫无表情的所谓中性（neutrality）做些改善，后者则把中性搞成混乱。秩序并不排斥惊奇，只排斥无意义的惊奇。

　　但是为什么塞隆尼斯·蒙克（Thelonius Monk）会欣赏"掌握机会的猫"（本章开头引的句子）呢？建筑师是不是也可以抓住同样的机会而成功呢？当然可以，因为僧人所说的机会不是意外，而是奠基于能力与经验的直觉跃进（intuitive leaps）。即使是意外，也可以综合在让人愉快、能懂得的构成里，譬如约翰·米尔顿·凯奇（John Milton Cage）之流的音乐或者优秀水彩画家的速写（即使这种作品很可能站在失去意义的危险边缘）。前面说过，建筑一定要有意义，即使是不能转译的意义，建筑里的逻辑秩序并不是目的，而是澄清所具意义、让人了解的手段。

结语　建筑内部的三种关系
Conclusion: Three Relationships

"门若是锁着，我便拉、推、踢、敲；
门若只是关着，我便转门把，但是……"
呆了半晌，爱丽丝害羞地问"完了吗？"

矮胖子（Humpty Dumpty）说："完了，再见！"
刘易斯·卡罗尔（Lewis Carroll），童谣《爱丽丝镜中奇遇》
（Through the Looking-Glass）

前面我们试着把建筑各不同层面拆开，希望不因为建筑的实质任务而影响了对其艺术性的探讨。这还只成功了一半，我们发现美和机能之间的关系，并不像动人的口号那么密切，我们也无法将建筑完完全全地独立出来，以探究其艺术性。

真正清楚的是，其间有三种关系（有时候只是提示性的，有时候又非常明确）。这些关系和建筑的实用面并非毫不相干，它们既是实用性的基础，也是追求卓越美学的要件。如果我们视艺术及实用为此三种关系所衍生的、平行的产物（product），会发现"实用不是艺术的产物，艺术也不是实用的产物。建筑的这两大层面并非毫不相干，但它们的关系不是相互依赖、附属，而是手足般的平等、亲近。"

联邦同盟俱乐部（The Union League），费城：
毋须看到人在梯上走，我们便能了解这个形代表什么，也毋须分辨哪些动作是调整、适应，哪些是仪式、庆祝？（摄影／朱莉·詹森）

威廉·斯特瑞兰德设计的美国第二银行局部，九月及二月不同的景致，费城：
建筑物展现变化时最有生命力。（摄影／朱莉·詹森）

建筑内在有三种关系，分别是建筑物和地球的关系、建筑物和人的关系，以及建筑物和自己的关系。

所谓和地球的关系，意指建筑物必须以人们可以感知的方式，认知地球的大小及力量。地球的力量最明显的、最重要的就是重力，建筑物要成为建筑多少都要传达重力的感觉。重力的感觉可能是对地心引力做让步，也可能用与之对抗的方式表达，可以是阶梯金字塔（ziggurat）般的坚实体量、轻松卖弄的悬索结构、沉静的柱梁系统、弯曲的拱，或者是大胆的悬臂。

和地球有关的力量当然不只重力，还有其他许多力量——风、雨、闪电、火山、地震——在它表面扫过，或从底下窜出。建筑是不能状况不好就可以包起来带走的艺术，它必须适应各个季节、各个时辰、各种照明方式、

170

各种天气。和重力一样，对应这些状况建筑可以产生出实用上及视觉上极有益的东西。当建筑物出现变化；当上头的阴影反映出季节；当多年以后气候的影响在上面留下痕迹，而正如当初所料想的时，这是建筑物富有生命力的时候。

地球的自转及公转使得建筑物上的光线不断改变，在这样的变化中，自我展现的方式就潜藏了建筑里最多的愉悦。用照片表现建筑的缺点之一就是它无法传达这些转变，柯布西耶写过："眼睛在光线下才能看到形体，光、影则展现这些形体。"

建筑也必须意识到地球的资源及其相对价值，需要有成本及价值的概念，因为最经济的解决方式不一定最好，花费最大的解决方式也不见得最好。

当然需要富丽，但是稍觉浪费就会破坏人们对艺术的赞赏。

建筑物和人的关系比较复杂，最单纯的层次就是大小、形状的问题。设计任何建筑元素——房间、门、门把以及数以千计的其他东西——都必须知道使用者的生理特性，这正是建筑与雕塑根本不同处。我们也许可以走进雕塑里，就像走进建筑物里一样，但是雕塑空间却无需包容任何活动。即使有人形的雕塑也无需跟人一样大，建筑物与人的关系是对应、一致（correspondence），而非代表、象征（representation）。

建筑物和人的心理关系相当微妙，可能是利用一些情境引起人们放松、幽闭、正直、壮丽、安全、逸乐等等反应，以控制这些心理状态。建筑物还可以同时反映生理及心理的状态并将之具体化。杰弗里·斯科特谈及古典风格及文艺复兴风格时说："该建筑的中心是人体（human body）；方法是将身体最佳的状态转化成石头；权势、笑声、力量、恐惧、沉静等精神状态便沿着建筑的边界一个个转化成可见的形。"

有时候建筑既控制了心理状态也将之具体化，有时候又分不清到底哪一方发生作用。如果能明显地让人形、人的运动、人的状态存在某种和谐关系的话最好。楼梯可能有效地把我们从这一层带到另一层，也可以很有格调地引导人们在之间游走，毋须看到人在梯上走，我们就能了解楼梯说些什么，人们脑海里可以看到自己在上头走；也毋须分辨哪些动作是调整、适应，哪些是仪式、庆祝，二者都是。

优秀的作品，建筑师对使用者持的就是这样的态度，这不是单纯的机能——赖特的建筑（文章则相反）骨子里并不特别在意机能，却令人意外地充分流露了在意使用者的态度。乔治·尼尔森（George Nelson）在《财富》杂志（Fortune）上说过："宝贝似地围住空间，并不是为了空间本身，而是为了活跃于其中的生命。"

如果要用建筑物（building）和建筑元素（building elements）来造就建筑（architecture），设计时就必须注意使用者的感觉。建筑师必须明确地掌握旁人如何看他的房子，房子上如果有一个突角，在它上头出现凹角就会令人迷糊。如果看不出上下两个形接在哪里，就无法正确判断其大小，甚至弄不清它的位置。之所以要制造这种让人困扰的效果，建筑师也许有他的道理，但是他不该无意地制造困扰。

建筑还必须知道：使用者是自然背景前的演员。人无可避免地要和建筑物在一起，只是期待恰当地建立其间的关系。除了大小之外，建筑实在比其他艺术跟人更亲近，人并未视之为外方之物，而是视之为自我真实中亲近的伙伴（accomplice）。人与建筑共享自己的世界，这不是因为选择，而是必须。

前面说过建筑既是工具也是沟通及表达方式，既属于这世界，也诉说关于世界的种种，更有甚者说它就是一个世界。每一件成功的建筑作品都是一件新的、连贯的整体。之所以是新的，因为无论它多像其他许许多多的建筑物，它是在特定的时空条件下被创造出来的；之所以是连贯的，因为我们要能读出它的意义，也因为它部分与部分、部分与整体必须连在一起。

这也就是所谓的第三种关系，建筑物和自己的关系。这种关系，其他艺术也有，不过建筑有其特殊的地方。理解建筑细部时须对时间加以把握。它跟欣赏绘画的笔触（总在看了整张画作之后）不同，和读小说、聆听交响乐（总是连续发展，到最后才知道整体是怎么回事）也不同。对我们来说，建筑的整体与构成的细节同时存在，无法预期先看到哪一个；只能说，除非对整体及部分都先有认识，同时深知它们实为一体，否则无法真正了解这门艺术。

以上分别谈了建筑艺术里三项最重要的关系，现在的问题是如何利用我们讨论的结果？对建筑师来说，这是设计过程里该考虑的关系；对观者来说，则是评价时会提出来的问题。可以说建筑作品就是成功地处理此三种关系的建筑物，而一件作品只要其中一项处理失败，就必然（起码部分来看）无法称其为艺术。

任何一栋建筑物都无需成为奇观，建筑物在面对这些关系时，解决方式也不一定要独创（虽然在面对这三种关系时，冷漠的建筑物就很可能真的毫无表情），其间关系不一定要让人惊愕或印象深刻，有说服力就可以了。建筑物必须说服我们它确实探究过问题而且解决了，当然，要有说服力，结果一定要表达得清楚；这一点什么秘笈、奇巧、玩笑都没有用。玩笑、绕圈子虽也有发挥的地方，但对艺术来说却是很表面的地方，并不扮演重要的角色。当然，其他艺术里有许多例子证明，轻松和尖刻的语调同样能表达严肃的美学（比方莫札特（Wolfgang Amadeus Mozart）的歌剧《女人皆如此》（*Cosi fan tutte*）和王尔德的讽刺剧《不可戏言》（*The Importance of Being Earnest*））。艺术不必阴郁、严厉，但基本上艺术需要真心、诚挚。

建筑的这三种关系可以简单、直截了当地处理，而有些时候——以建筑物和地球的关系为例，当建筑物和地面都很规则，毫不古怪的时候——只有简单、直截了当的关系才能说服我们；有时候，建筑师想成功只能靠惊奇及大胆的想象，这样的建筑当然过瘾，但是建筑师要小心：没有问题时，他不能装做解决了问题。跃过深谷惊险刺激，平地跳跃却是浪费体力。建筑师如果利用戏剧性引人注意，提高了人们的期望，就必须提供更多的信息，他制造的惊奇不该让我们只是说"哦（Oh）？"而是应该说"啊哈（Aha）！"

以这三种关系作为将建筑物提升至建筑这种水平的钥匙，当然不等于提供了三样处方，建筑师照做就能确保美学上成功，观者也不能靠三个问题来检验建筑物美学上是否成功。这么复杂的东西，抄捷径是没有用的。

所以，即使花了这么多力气谈常识，还是得承认建筑里有神秘不可解的部分（an element of mystery）。设计过程里，建筑师会碰到许多彼此竞争又往往互相冲突的需求，到底如何同时满足各种需求而不牺牲什么（建筑师做一个决定有时候伤透脑筋，有时候又是灵感来的瞬间），对人的创造力来说这还是谜。创作过程和科学过程不同，结果多无法事先预期，对无法预知的目标，我们也无法找到正确的方向。

　　面对建筑师的作品，我们会有怎么样的反映，其实同样是谜。看建筑有看建筑的逻辑程序，如果能了解这些程序、实际经验过这些程序，能分辨建筑物的美学及其他属性，分辨基本造形及表面装饰，便能在看之中得到更多。但是即使我们获得的信息再多，对建筑是接受、是排拒却往往是自发的，心理作用（mental process）远快过任何意识逻辑（conscious logic），透过心理作用我们马上就知道哪栋建筑好，哪栋建筑坏。

　　所以，建筑艺术里终有某些东西无法分析；某些东西触及心灵最神秘的部分；某些东西不但超越实用，甚至超越理性及日常经验。否则，它就不是最大、最动人、最复杂、最长久、最有力的艺术了！

中外文人名译名对照
Foreign Name Translation Control

A

Aalto，Alvar 阿尔瓦·阿尔托，1898—1976，芬兰建筑师

Abercrombie，Stanley 史坦利·亚伯克隆比，1935—，美国建筑师、作家

Alberti，Leone Battista 列侬·巴蒂斯塔·阿尔伯蒂，1404—1472，意大利建筑师

Alinari，Fratelli 弗拉泰利·阿拉内里摄影公司，1852 年成立的世界最早的摄影公司

Allen，Gerald 杰拉尔德·艾伦，美国当代建筑师

Ames，Anthony 安东尼·埃姆斯，美国当代建筑师

Ammanati，Bartolomeo 巴托洛米奥·阿玛纳蒂，1511—1592，意大利建筑师

Aristippus 阿瑞斯提普斯，公元前 435 年 — 前 356 年，古希腊哲学家

Aristotle 亚里斯多德，公元前 384 年 — 前 322 年，古希腊哲学家

Arnheim，Rudolf 鲁道夫·阿恩海姆，1904 —2007，德国作家

B

Banfi，Gianluigi 詹路易吉·班菲，1910—1945，意大利建筑师

Beckhard，Herbert 赫伯特·贝克哈德，1926—2003，美国建筑师

Belgiojoso，Lodovico Barbiano di 罗多维科·巴尔比亚诺·德·贝尔吉欧加索，1909—2004，意大利建筑师

Blackmur，Richard Palme 理查德·帕默·布莱克默，1904 —1965，美国诗人

Blake，Peter 彼得·布莱克，1920—2006，美国建筑师

Blasdel，Greg 格雷戈·布莱斯代尔，当代艺术家

Bofill，Ricardo 里卡多·波菲尔，1939—，西班牙建筑师

Borromeo，Frederico 弗雷德里科·博罗梅奥，当代建筑摄影家

Boswell，James 詹姆斯·包斯威尔，1740—1795，苏格兰作家

Boullée，Étienne-Louis 艾蒂安 - 路易·布雷，1728—1799，法国建筑师

Bowen，Elizabeth 伊丽莎白·鲍恩，1899—1973，英国作家

Bragdon，Claude Fayette 克劳德·费耶特·布拉格登，1866—1946，美国建筑师

Brahms，Johannes 约翰内斯·勃拉姆斯，1833—1897，德国作曲家

Bramante，Donato 多纳托·伯拉孟特，1444—1514，意大利建筑师

Breuer，Marcel 马赛尔·布鲁尔，1902—1981，匈牙利建筑师

Brolin，Brent 布伦特·布洛林，美国现代建筑学者

Brown，Denise Scott 丹尼斯·斯科特·布朗，1931—，美国建筑师

Brunelleschi，Filippo 菲利波·布鲁内列斯基，1377—1446，意大利工程师

Brumfield，William Craft 威廉·克拉夫特·布伦菲尔德，1944—，美国建筑历史学家

Burke，Edmund 埃蒙德·伯克，1729—1797，爱尔兰作家

C

Cage，John Milton 约翰·米尔顿·凯奇，1912—1992，美国音乐家

Calder，Alexander 亚历山大·柯尔达，1898—1976，美国雕塑家

Canter，David Victor 戴维·维克多·坎特，1944—，英国建筑心理学家

Cardano，Geronimo 杰洛尼莫·卡尔达诺，1501—1576，意大利哲学家

Carpenter，Rhys 里斯·卡彭特，1889—1980，美国艺术史家

Carroll，Lewis 刘易斯·卡罗尔，1832—1898，英国童话作家

Carver，Norman F.，Jr. 小诺曼·F.卡弗，美国建筑师协会会员

Caudill，William Wayne 威廉·韦恩·考迪尔，1914—1983，美国建筑师

Chakravarty，Subhash 萨布哈什·查卡瓦尔提，印度当代建筑师

Chaitkin，William 威廉·查特金，美国当代建筑师

Chardin，Pierre Teilhard de 德日进，1881—1955，法国哲学家

Chekhov，Anton Pavlovich 安东·巴甫洛维奇·契诃夫，1860—1904，俄国作家

Chesterton，Gilbert Keith　吉尔伯特·吉斯·切斯特顿，1874—1936，英国作家

Cioran，Emil Mihai　齐奥朗，1911—1995，罗马尼亚哲学家

Coleridge，Samuel Taylor　塞缪尔·泰勒·柯尔律治，1772—1834，英国诗人

Cooper，Anthony Ashley，lst Earl of Shaftesbury　安东尼·艾希礼·库珀，即第一代沙夫茨伯里伯爵，1621—1683，英国政治家

Coppedé，Gino　吉诺·酷派德，1866—1927，意大利建筑师

Corbusier，Le　勒·柯布西耶，1887—1965，现代建筑家

Cserna，George　乔治·切尔纳，1919—2003，美国建筑摄影师

D

Damora，Robert　罗伯特·达莫拉，1912—2009，美国建筑师

Drew，Jane　简·德鲁，1911—1996，英国建筑师

Dumpty，Humpty　矮胖子，童话《爱丽丝镜中奇遇》中的人物

Dürer，Albrecht　阿尔布雷特·丢勒，1471—1528，德国画家

E

Ehrenkrantz，Ezra　埃兹拉·埃伦克兰兹，1932—2001，美国建筑师

Empson，William　威廉·燕卜荪，1906—1984，英国诗人

Engdahl，Bill　比尔·恩达尔，美国当代摄影师

Eyck，Aldo van　阿尔多·范·艾克，1918—1999，荷兰建筑师

F

Ferri，Roger C.　罗杰·C.费里，1949—1991，美国建筑师

Fitch，Jamse Marston　詹姆斯·马斯顿·费奇，1909—2000，美国建筑师

Foerster，Heinz von　海因茨·冯·福斯特，1911—2002，美国神经生理学家

Fontana，Carlo　卡罗·方塔纳，1634—1714，意大利建筑师

France，Rollin La　罗林·拉·弗朗兹，美国当代摄影师

Frankl，Paul Theodore　保罗·西奥多·弗兰克，1878—1962，匈牙利艺术史家

Fry, Maxwell 马克斯·弗雷，1899—1987，美国建筑师

Fry, Roger 罗杰·弗莱，1866—1934，英国艺术家

Fuller, Richard Buckminster 理查德·布克敏斯特·富勒，1895—1983，美国建筑师

G

Gatje, Robert 罗伯特·加特耶，美国当代建筑师

Gilbert, Cass 卡斯·吉尔伯特，1859—1934，美国建筑师

Giorgi, Francesco di 弗朗西斯科·德·乔治，1466—1540，天主教修道士

Giorgini, Vittorio 维托里奥·乔吉尼，1926—2010，意大利建筑师

Giraudon, Adolphe 阿道夫·吉罗东，1849—1929，法国摄影家

Goldsmith, Myron 迈伦·格登史密斯，1918—1996，美国建筑师

Greenough, Horatio 霍雷肖·格里诺，1805—1852，美国雕塑家

Gritti, Doge Andrea 安德烈·古利提总督，1455—1538，威尼斯共和国总督

Gromort, Georges 乔治·格罗莫尔，1870—1961，法国园林学家

Gropius, Walter 沃尔特·格罗皮乌斯，1883—1969，德国建筑师

Gurjal, Satish 萨蒂什·古扎，1925—，印度建筑师

Gwathmey Siegel 格瓦德梅·希格尔设计事务所

Gwilt, Joseph 约瑟夫·格威尔特，1784—1863，英国建筑师

H

Hambridge, Jay 杰伊·哈姆布里吉，1867—1924，美国艺术家

Hammond, Peter 彼得·哈蒙德，1921—1999，英国牧师

Hedrich-Blessing 赫德里奇－布里斯英建筑摄影公司

Helmholtz, Hermann Ludwig Ferdinand von 赫曼·路德维希·费迪南德·冯·赫尔姆霍茨，1821—1894，德国物理学家兼生物学家

Hitchcock, Henry-Russell 亨利－拉塞尔·希契科克，1903—1987，美国建筑史家

Horta, Victor 维克多·霍塔，1861—1947，比利时建筑师

Hunt，Richard Morris 理查德·莫里斯·亨特，1827—1895，美国建筑师

Hutcheson，Francis 弗朗西斯·哈奇森，1694—1746，苏格兰哲学家

Huxtable，Ada Louise 艾达·路易丝·赫克斯特布尔，1921—2013，美国建筑评论家

I

Izenour，Steven 史蒂文·艾泽努尔，1940—2001，美国建筑师

J

James，Henry 亨利·詹姆斯，1843—1916，美国小说家

Jefferson，Thomas 托马斯·杰斐逊，1743—1826，美国政治家

Jencks，Charles 查尔斯·詹克斯，1939—，美国建筑评论家

Jensen，Julie 朱莉·詹森，1976—，丹麦建筑师

Johansen，John MacLane 约翰·麦克莱恩·约翰森，1916—2012，美国建筑师

Johnson，Philip 菲利普·约翰逊，1906—2005，美国建筑师

Joyce，James 詹姆斯·乔伊斯，1882—1941，爱尔兰作家

K

Kahn，Louis 路易·康，1901—1974，美国建筑师

Kallen，Horace 赫瑞斯·卡伦，1882—1974，美国哲学家

Kant，Immanuel 伊曼努尔·康德，1724—1804，德意志哲学家

Kaplan，Howard N. 霍华德·N.卡普兰，美国当代建筑摄影师

Kaufmann，Edgar，Jr. 小埃德加·考夫曼，1910—1989，美国建筑师

Keats，John 约翰·济慈，1795—1821，英国诗人

Kessler，William 威廉·凯斯勒，1924—2002，美国建筑师

Khan，Fazlur Rahman 法茨拉·拉赫曼·汗，1929—1982，美国建筑师

Korab，Balthazar 巴尔萨泽·科拉，1926–2013，匈牙利摄影师

L

Langer，Susanne Katherina　苏珊·凯瑟琳·朗格，1895—1985，美国哲学家

Laugier，Marc Antoine　马克·安东尼·洛吉耶，1713—1769，法国建筑理论家

Lethaby，William Richard　威廉·理查德·李瑟比，1857—1931，英国作家

Lissitzky，El　李席斯基，1890—1941，俄罗斯艺术家

Loos，Adolf　阿道夫·鲁斯，1870—1933，奥地利建筑师

Lurçat，André　安德烈·吕尔萨，1894—1970，法国建筑师

Lyndon，Donlyn　唐林·林登，1936—，美国建筑师

M

Marchant，E.C.　E.C.默钱特

Mates，Robert E.　罗伯特·E.梅兹，美国当代摄影师

Matisse，Henri　亨利·马蒂斯，1869—1954，法国现代画家

Mauriac，Claude　克劳德·莫里亚克，1914—1996，法国作家

McGrath，Norman　诺尔曼·麦克格拉斯，20世纪美国建筑摄影家

Meier，Richard　理查德·迈耶，1934—，美国建筑师

Melhuish，Nigel　奈吉尔·梅利什，20世纪英国建筑师

Michelangelo　米开朗琪罗，1475—1564，意大利艺术家

Millay，Edna St. Vincent　埃德娜·圣·文森特·米莱，1892—1950，美国作家

Mock，Elizabeth Bauer　伊丽莎白·鲍尔·莫克，1911—1998，美国建筑学者

Monk，Thelonius　塞隆尼斯·蒙克，1917—1982，美国钢琴家

Moore，Charles　查尔斯·摩尔，1925—1993，美国建筑师

Morris，Desmond John　德斯蒙德·约翰·莫里斯，1928—，英国动物学家

Mottar，Robert　罗伯特·摩塔

Mozart，Wolfgang Amadeus　沃尔夫冈·阿马德乌斯·莫扎特，1756—1791，奥地利音乐家

N

Nelson, George 乔治·尼尔森，1907—1986，美国建筑师

Newman, Charles 查尔斯·纽曼，1938—2006，美国作家

Nowicki, Matthew 马修·诺维奇，1910—1950，波兰建筑师

O

Otto, Frei 弗雷·奥托，1925—2015，德国建筑师

Owen, Christopher H. L. 克里斯托弗·H. L. 欧文，美国当代建筑师

P

Pacioli, Luca 卢卡·帕乔利，1445—1517，意大利数学家

Palladio, Andrea 安德烈·帕拉迪奥，1508—1580，意大利建筑师

Panofsky, Erwin 埃尔温·潘诺夫斯基，1892—1968，美国艺术史家

Pater, Walter 沃尔特·佩特，1839—1894，英国作家

Pei, Ieoh Ming 贝聿铭，1917—，美国建筑师

Peressutti, Enrico 恩里克·皮瑞瑟第，1908—1976，意大利建筑师

Perrault, Claude 克劳德·佩罗，1613—1688，法国建筑师

Piranesi, Giovanni Battista 乔凡尼·巴蒂斯塔·皮拉内西，1720—1778，意大利建筑师

Plato 柏拉图，约公元前 427 年 — 前 347 年，古希腊哲学家

Ponti, Gio 吉奥·庞蒂，1892—1979，意大利建筑师

Pope, Alexander 亚历山大·蒲柏，1688—1744，英国诗人

Pope Urban VIII 教皇乌尔班八世，1568—1644

Pratt, Abner 阿伯纳·普拉特，1801—1863，美国政治家

Pugin, Augustus Welby Northmore 奥古斯都·威尔比·诺斯莫尔·普金，1812—1852，英国建筑师

R

Rasmaussen, Steen Eiler 斯坦·埃勒·拉斯穆森，1898—1990，丹麦建筑师

Read, Sir Herbert 赫伯特·瑞德爵士, 1893—1968, 英国作家

Rogers, Ernesto Nathan 厄内斯托·南森·罗格斯, 1909—1969, 意大利建筑师

Rohe, Ludwig Mies van der 路德维希·密斯·凡德罗, 1886—1969, 美国建筑师

Romano, Giulio 朱利奥·罗马诺, 1499—1546, 意大利建筑师

Rossi, Aldo 阿尔多·罗西, 1931—1997, 意大利建筑师

Rusconi, Giovanni Antonio 乔瓦尼·安东尼·卢斯科尼, 1520—1587, 意大利建筑师

Ruskin, John 约翰·拉斯金, 1819—1900, 英国艺术评论家

S

Saarinen, Eero 埃罗·沙里宁, 1910—1961, 芬兰建筑师

Sansovino, Jacopo 雅各布·桑索维诺, 1486—1570, 意大利建筑师

Satyan, Tambrahalli Subramanya 坦博拉哈里·萨博拉曼亚·萨特亚, 1923—2009, 印度摄影记者

Schelling, Friedrich von 弗雷德里希·冯·谢林, 1775—1854, 德国哲学家

Schmidt, Clarence 克拉伦斯·史密特, 1897—1978, 美国艺术家

Schumacher, Ernst Friedrich 恩斯特·弗雷德里希·舒马赫, 1911—1977, 英国经济学家

Schumacher, Thomas 托马斯·舒马赫, 弗吉尼亚大学建筑系副教授

Scott, Geoffrey 杰弗里·斯科特, 1884—1929, 英国诗人

Scruton, Roger 罗杰·斯克鲁顿, 1944—, 英国哲学家

Sehgal, R.K. R.K. 塞加尔

Smith, Cyril Stanley 西里尔·斯坦利·史密斯, 1903—1992, 英国科技史家

Smithson, Peter 彼得·史密森, 1923—2003, 英国建筑师

Soane, Sir John 约翰·索恩爵士, 1753—1837, 英国建筑师

Socrates 苏格拉底, 公元前469年—公元前399年, 希腊哲学家

Stam, Mart 马特·斯塔姆, 1899—1986, 荷兰艺术家

Stirling, James 詹姆斯·斯特林, 1926—1992, 英国建筑师

Stockhausen，Karlheinz 卡尔海因兹·斯托克豪森，1928—2007，德国音乐家

Stokes，Adrian 阿德里安·斯托克斯，1902—1972，英国艺评家

Stoller，Ezra 埃兹拉·斯托勒，1915—2004，美国建筑摄影师

Stone，Edward Durrell 爱德华·德雷尔·斯通，1902—1978，美国建筑师

Strickland，William 威廉·斯特瑞兰德，1788—1854，美国建筑师

Sturgis，Russell 拉塞尔·斯特吉斯，1836—1909，美国建筑师

Sullivan，Louis 路易斯·沙利文，1856—1924，美国建筑师

Symonds，Arthur 亚瑟·西蒙兹，1865—1945，英国诗人

T

Taut，Bruno 布鲁诺·陶特，1880—1938，德国建筑师

Terragni，Giuseppe 朱塞普·特拉尼，1904—1943，意大利建筑师

Thompson，Sir D'Arcy Wentworth 达西·温特沃斯·汤普森爵士，1860—1948，苏格兰生物学家

Thurber，James 詹姆斯·瑟伯，1894—1961，美国漫画家

Tigerman，Stanley 史坦利·泰格曼，1930—，美国建筑师

Tinguely，Jean 让·丁格利，1925—1991，瑞士雕塑家

Trajan 图拉真，53—117，古罗马皇帝

Tsien，Billie 比利·钱，1949—，美国建筑师

Turnbull，William 威廉·特恩布尔，1922—2012，苏格兰建筑师

Tyndall，William York 威廉·约克·廷德尔，1903–1981，美国学者

U

Utzon，Jörn 约恩·伍重，1918—2008，丹麦建筑师

V

Vasari，Giorgio 乔治·瓦萨里，1511—1574，意大利建筑师

Venturi，Robert 罗伯特·文丘里，1925—，美国建筑师

Vergano，Serena　塞丽娜·韦尔加诺，1943—，意大利演员

Vinci，Leonardo da　列奥纳多·达·芬奇，1452—1519，意大利艺术家

Vitruvius　维特鲁威，公元前 1 世纪时的罗马工程师

W

Watkin，David　戴维·沃特金，1941—，英国艺术史家

Wechsler，Judith　朱迪丝·韦克斯勒，1940—，法国艺术史家

Wharton，Bob　鲍勃·沃顿，新西兰当代摄影师

Whitaker，Richard　理查德·惠特克，1929—，美国建筑师

Wilde，Oscar　奥斯卡·王尔德，1854—1900，英国作家

Williams，Tod　托德·威廉姆斯，1943—，美国建筑师

Wimberly, Whisenand, Allison, Tong and Goo　温伯利、威斯南德、埃里森、汤及顾设计公司

Wittkower，Rudolf　鲁道夫·维特考尔，1901—1971，美国艺术史家

Wollheim，Richard Arthur　理查德·亚瑟·沃尔海姆，1923—2003，英国哲学家

Wright，Frank Lloyd　弗兰克·劳埃德·赖特，1867—1959，美国建筑师

X

Xenophon　色诺芬，公元前 430 年 — 公元前 353 年，希腊将军及历史学家

Z

Zurko，Edward Robert De　爱德华·罗伯特·德·祖克